JN440787

고효율 조명 신기술

공저

도서출판 아진

"나의 가는 길은 오직 그가 아시나니 그가 나를 단련하신 후에는
내가 정금같이 나오리라 (욥23 : 10)"

차 례

1장. 조명의 이해와 고효율 광원

2장. 고효율 조명기구

3장. 경관조명의 실제

4장. 조명계산과 측정

5장. 조명 시뮬레이션

6장. LED 조명기술의 개요와 특성

1장 조명의 이해와 고효율 광원

I. 환경과 조명

1. 에너지 절약

과거 두 차례의 에너지 파동을 겪으면서 다양한 에너지 절약 대책이 발표되고 실행되었다. 그 중에서도 기억에 남는 것이 "한 등 끄기", "네온싸인 소등", "심야 사무실 조명 소등"과 같은 조명 부문에서의 에너지 절약 활동이다. 이와 같은 조명 부문에서의 에너지 절약은 확실한 효과를 가지며, 지금도 일부 지방 자치 단체에서는 간선도로의 가로등 소등과 같은 대책을 내놓고 있는 실정이다.

그러나 이와 같이 소등에 의하여 조명 에너지를 절약하게 되면, 사무실이나 공장에서는 작업능률의 저하, 기기의 오작동, 불량률 증가 등의 현상이 나타나고, 네온싸인이나 심야 사무실 소등(건물의 표면, 외곽부)등은 건물에 대한 인지도 저하, 광고효과 저하를 가져오며, 도로에서 가로등의 소등은 교통사고 증가, 범죄 증가(특히, 강력범죄가 경범죄보다 더 증가함)의 직접적 원인이 된다. 즉, 소등에 의한 에너지 절감은 당장의 전기료 절감과 발전소의 부하용량 저감에는 효과가 있겠으나, 이로 인하여 야기되는 경제적 손실은 훨씬 더 크다는 것을 감안하여야 한다.

조명 부문의 에너지 절감과 그에 따른 부작용을 방지하는 방법으로 고효율 조명기기의 사용이 최적의 방안이 된다. 고효율 조명기기를 효과적으로 사용하여 기존의 조명환경을 악화시키지 않으면서 조명 에너지는 절약할 수 있는 일거양득의 효과를 얻는다. 또한, 고효율 조명기기는 전반적으로 고기능에 대응하는 신제품인 것이 많으며, 이에 사용의 편이성까지 추구할 수 있다.

고효율 조명기기의 사용으로 절감할 수 있는 조명부하의 총량을 추산해 보면 다음과 같다. 현재 우리나라의 총발전량은 약 6 500만 [kW](2006년 12월 기준, 매년 300만 kW 증가)이고, 이 중에서 조명용은 약 20%가 되는 것으로 추정된다. 이 값은 경제의 발전과 더불어 계속 증가하며 미국의 경우 약 23% 정도가 되는 것으로 알려져 있다. 고효율 조명기기를 사용하면 크게는 80% 정도(백열전구 100 [W]를 콤팩트 형광등 20 [W]로 대체), 적게는 20% 정도(반사율이

80% 정도가 되는 기존의 반사갓을 반사율 95% 정도의 고조도 저휘도 반사갓으로 교체)의 에너지 절감이 가능하다. 이와 같은 고효율 기기의 사용은 꾸준히 증가하는 추세이며, 전체적으로 교체된 기기를 감안하여 20% 정도의 효율 증가가 가능하다고 예상한다. 이와 같은 근거로 조명부하 감소량을 계산해보면 다음과 같다.

$$6\ 500\text{만 [kW]} \times 0.2 \times 0.2 = 260\text{만 [kW]}$$

원자력 발전소 1기의 용량이 약 100만 [kW] 인 것을 감안하면 이와 같은 부하의 절감량은 원자력발전소 2기 이상에 해당하는 막대한 크기가 되는 것을 알 수 있다.

발전량을 줄일 수 있다는 점은 최근 국제사회에서 큰 관심을 가지고 있는 이산화탄소 방출 감소에도 직접적으로 작용한다.

또한, 사용자의 입장에서 보면 매년 이 정도의 전력량을 사용하지 않아도 되는 것이며 이에 따른 전기요금 절감을 계산해 보면 다음과 같다. 2006년도 전력판매량은 약 33만 [GWh](2006년 기준)으로 전기요금을 1 [kWh] 당 100원으로 할 경우, 절감액은

$$33\text{만 [GWh]} \times 0.2 \times 0.2 \times 100\ \text{원/kWh} = 1\text{조}\ 3\ 200\text{억원}$$

이 된다. 이 금액은 발전소 건설이 1회성인 것과는 달리 매년 절감되는 금액으로서 고효율 조명기기를 사용하면 경제적으로 막대한 이익을 얻을 수 있음을 보여준다.

2. 환경 규제

에너지 절감에 이어 최근 유럽을 중심으로 가장 큰 관심을 끄는 것이 친환경 제품의 개발이다. 유럽연합은 WEEE(Waste Electrical and Electronic Equipment), EEE(Electrical and Electronic Equipment), RoHS(Restriction of Hazardous

Substances), ELV(End of Life Vehicle)의 4개 지침(Directive)을 발표하여 강력한 환경규제를 실시하고 있다. 이에 따르면 유럽 시장에서는 2006년 7월 1부터 지침에 발표된 사항들을 이행하는 것으로 되어있다. 이 중에서 조명부문에 직접적으로 영향을 주는 것이 WEEE의 부속서인 RoHS이다.

RoHS는 환경에 영향을 주는 6개 물질의 사용을 금지하는 것으로서, 다음과 같다: 납, 수은, 카드뮴, 6가 크롬, PBB(Polybrominated Biphenyles), PBDE (Polybrominated diphenyl ethers) 수은과 납에 대하여는 다음과 같은 예외 조항을 두고 있다.

· 콤팩트 형광램프에 포함되는 수은 < 5 [mg]
· 직관 형광램프
  - 할로인산 형광체 사용 < 10 [mg]
  - 3파장 형광체 사용 < 5 [mg]
  - 장수명 3파장 형광체 사용 < 8 [mg]
· 특수용도 램프에 사용되는 수은
· CRT 유리에 포함된 납
· 고온 용융 접합제에 포함된 납
· 서버와 통신장비의 납땜에 포함된 납(2010년까지)

이 중에서 수은은 현재 일반 조명용으로 사용되는 모든 방전등의 제조에 들어가며, 이에 선진 각국은 수은의 사용을 최대한 줄이거나 사용하지 않는 광원의 개발에 전력을 투구하고 있다.

미국에서는 환경성(EPA)에서독극물 규제법안을 마련하여 TCLP 인증제도 등을 수행하고 있으며, 또한 저효율 백열전구, 콤팩트 형광램프의 제조를 금지하고 있다. 일본에서는 유럽과 미국에서 시행되고 있는 각종 법안을 자국의 형편에 맞도록 재빠르게 대응해 나가고 있는 추세이다.

II. 조명의 기초

1. 빛

빛은 가시적인 방사 에너지로서 전자기파의 일종이다. 방사 에너지라는 특성에 의해 빛이 전파되는 데에는 중간 개입 물질(매질)이 필요없다.

전자파는 주파수나 파장에 관계없이 속도가 일정하며 진공 중에서 초속 30만[km]가 되는 것으로 알려져 있다. 따라서 파장과 주파수는 반비례관계를 가지게 되며, 즉, 파장이 길면 주파수가 낮고, 파장이 짧으면 주파수가 높다. 전자파가 가지는 에너지는 주파수에 비례한다. 이와 같은 사실을 식으로 표현하면 다음과 같다.

$$\text{전자파의 속도} = \text{파장} \times \text{주파수}$$

$$c = \lambda \times \nu = 2.998 \times 10^{8}\ [\text{m/s}]$$

$$\text{전자파의 에너지 } e = h \times \nu\ [\text{J}],\ \text{여기서 h} = 6.626 \times 10^{-34}\ [\text{J}\cdot\text{s}]$$

그러나 [J] 단위로 가시파장의 에너지를 표시하면 매우 작은 값이 나오게 되므로 이 크기에 적당한 다른 에너지 단위, 즉 [eV]를 주로 사용한다. [eV] 단위와 [J] 단위 사이에는 다음과 같은 관계가 성립한다.

$$1\ [\text{eV}] = 1.6022 \times 10^{-19}\ [\text{J}]$$

전자파를 파장에 따라서 나누어보면 파장이 짧은 쪽에서 길어지는 쪽으로 우주선 – 감마선 – X선 – 자외선 – (가시)광선 – 적외선 – 라디오 전파의 순으로 된다. 가시광선은 이와 같이 전자파 중에서 어느 특정 파장이 눈에 밝음의 느낌을 주는 것이다. 눈에 보이는 가시파장은 개인에 따라 정도의 차이는 있으나 대략 380 [nm] ~ 760 [nm]가 된다. 위에 주어진 식을 사용하여 가시파장의 에너지를 계산하면 5.23 × 10^{-19} ~ 2.61 × 10^{-19} [J], 즉, 3.26 ~ 1.63 [eV]가 된다. 이것을 눈에 느껴지는 색상으로 표현하면 보라, 파랑, 초록, 노랑, 주황, 빨강의 무지개 색상이 된다. 만약, 전자파의 파장이 380 [nm]보다 짧으면 눈에 보이지 않고, 살균 효과나 화학작용을 일으키는 자외선이 되고, 전자파의 파장이 760 [nm]보다 길면 다시 눈에 보이지는 않으면서 온열감을 주는 적외선이 된다. 이와 같이 전자파는 파장에 따라 눈에 밝음의 느낌을 주거나 주지 않을 수 있으며, 이것은 파장에 따라 보이거나 보이지 않을 수 있음을 의미한다.

눈에 보이는 파장이라도 파장에 따라서 눈에 밝음의 느낌을 주는 자극의 정도는 각기 다르며, 555[nm]의 파장이 눈에 가장 밝은 느낌을 준다. 이것을 정량적으로 표현하면 555[nm]의 전자파 1[W]를 눈에 쪼이면 인간의 눈은 이것을 683[lm]의 밝기로 인식한다. 다시 표현하면 555[nm]의 가시광선은 683 [lm/W]의 효율을 가지며, 이것이 이론상의 최대 효율이다.

555[nm]보다 파장이 길거나 짧으면 밝기의 감각이 상대적으로 약해지며 이것을 555[nm] 파장과 비교하여 상대적으로 표현한 것을 비시감도 곡선이라 하며 [그림 1]에 나타내었다.

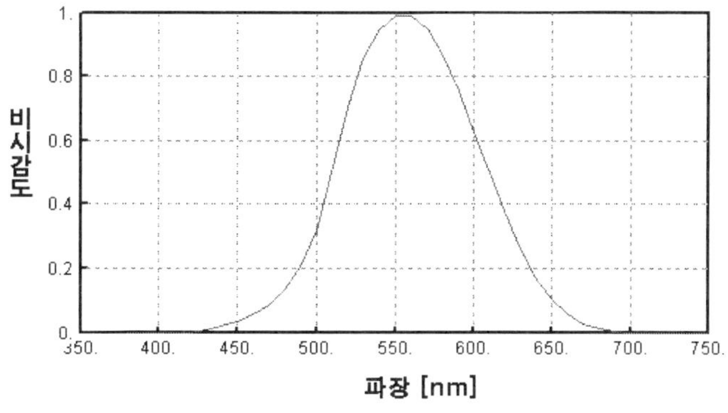

[그림 1] 비시감도 곡선

2. 측광량과 단위

(1) 복사속과 광속

어떤 면을 통과하는 복사 에너지의 시간에 대한 비율을 복사속(radiant fl ux)이라고 하고, 단위는 [Watt, W]이다. 복사속을 시감으로 측정한 것을 광속(luminous flux)이라고 하며, 기호는 F, 단위는 루멘[lumen, lm]이다.

<표 1> 대표적인 광원의 광속

광 원	광 속 [lm]	광 원	광 속 [lm]
태 양	3.6 × 1028	백색형광램프 40 W	3,000
백열전구 40 W	445	고압나트륨램프 400 W	46,000

(2) 광도

점광원(point source)이 어떤 방향으로 발산하는 광속의 입체각 밀도를 그 방향의 광도(luminous intensity)라고 한다. 기호는 I, 단위는 [candela, cd]이다. 1 [cd]는 점광원을 중심으로 하여 반지름 1 [m]의 구면을 생각하여, 그 구 표면상의 1 [㎡]의 면적을 뚫고 나오는 광속이 1 [lm]일 때 그 방향의 광도를 1 [cd]라고 한다. 입체각 ω 내에 광속 F가 균일하게 발산되고 있다면 광도 I는 다음 식과 같다.

$$I = \frac{F}{\omega}$$

만일 점광원으로부터 전공간에 균일하게 광속이 발산되고 있으면 광도 I는 다음과 같다.

$$I = \frac{F}{4\pi}$$

<표 2> 대표적인 광원의 광도

광 원	광 도 [cd]	광 원	광 도 [cd]
태양	2.8 × 1027	백색형광램프 40 W	330
백열전구 40 W	40	형광수은램프 400 W	1,800

(3) 조도

어떤 면에 대한 입사광속의 면적당 밀도를 그 면의 조도(illuminance)라고 한다. 조도의 기호는 E, 단위는 [lux, lx]이다. 면적 S에 광속 F가 균일하게 입사하면, 조도 E는

$$E = \frac{F}{S}$$

로 계산된다. 또한 각종 조도의 단위에는 다음의 관계가 있다.

$$1\ [\text{lux, lx}] = 1\ [\text{lumen/m}^2]$$

$$1\ [\text{phot}] = 1\ [\text{lumen/cm}^2]$$

$$1\ [\text{foot-candle, fc}] = 1\ [\text{lumen/ft}^2] = 10.764\ [\text{lx}]$$

조도의 종류에는 입사하는 빛과 빛을 받는 면의 위치에 따라 수평면조도(E_h)와 수직면조도(E_v), 법선조도(E_n)가 있다. 법선조도는 빛의 진행방향에 수직인 면상의 조도를 말한다.

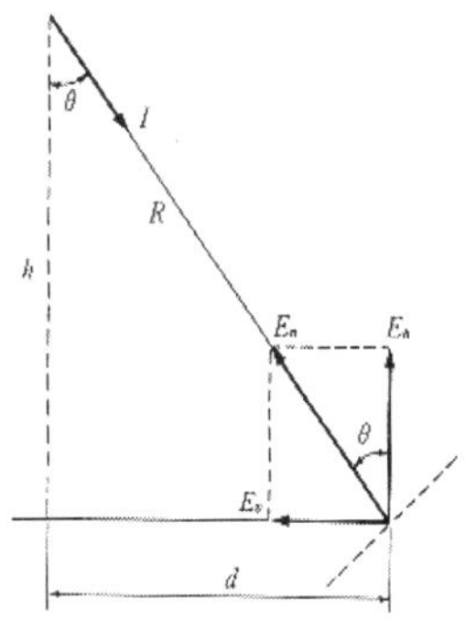

[그림 2] 수평면, 수직면, 법선조도

$$E_n = \frac{I}{R^2}$$

$$E_h = E_n \cos\theta = \frac{I}{R^2}\cos\theta$$

$$E_v = E_n \sin\theta = \frac{I}{R^2}\sin\theta$$

(4) 광속발산도

어떤 면에서 나오는 광속을 그 면의 면적으로 나눈 것을 광속발산도(luminous exitance)라고 한다. 기호는 M, 단위는 [radlux, rlx] 이다.

$$\mathrm{M} = \frac{\mathrm{F_{out}}}{\mathrm{S}}$$

광속발산도는 반사면이나 투과면에서도 정의되며

$$M_\rho = \rho E$$

$$M_\tau = \tau E$$

여기서, ρ : 반사율, τ : 투과율이다.

또한 흡수율을 α라 하면 $\alpha+\rho+\tau=1$이 성립한다.

(5) 휘도

광원에서 어떤 방향으로 나가는 단위 투영면적 당 광도를 휘도(luminance)라고 한다. 기호는 L, 단위는 [nit, nt] 이다. 광속발산도는 방향에 관계없이 그 면에서 나오는 광속을 그 면적으로 나눈 값인 것에 반해, 휘도는 특정한 방향에 대하여 정해지는 양이다. 즉 물체 표면의 휘도는

$$L = \frac{I}{S \cdot \cos\theta}$$

이고 S는 물체의 면적, θ는 이 면을 비스듬하게 바라보는 경우의 각도이다.

각종 휘도의 단위에는 다음의 관계가 있다.

$$1\ [nit,\ nt] = 1\ [cd/m^2]$$

$$1\ [stilb,\ sb] = 1\ [cd/cm^2]$$

$$1\ [foot\text{-}Lambert,\ fL] = 1/\pi\ [cd/ft^2] = 3.426\ [cd/m^2]$$

<표 3> 각종 광원의 휘도의 개략적 수치

광 원	휘 도 [cd/cm^2]	광 원	휘 도 [cd/cm^2]
태양(천정)	160,000	네온관(적색)	0.08
청공	0.4	석유등	1.2
투명전구 100 W	600	양초	0.5
프로스트전구 100 W	14	주광색형광램프 40 W	0.35
고압수은램프 400 W	50	달의 면	0.3
		눈부심을 느끼는 한계	0.5

(6) 효율

실제로 광원에서는 발산되는 전방사속보다 많은 에너지를 공급하여야 한다. 즉, 전발산광속 외에 대류, 전도 등에 의한 손실을 포함한 전소비전력을 고려하여야 한다. 전소비전력 P에 대한 전발산광속 F의 비율을 전등효율(lamp efficacy)이라 한다. 기호는 η, 단위는 [lm/W]이다.

$$\eta = \frac{F}{P}$$

광원에서 생산된 빛은 등기구를 통하여 외부로 적절히 비춰지게 되며 이 과정에서 등기구에 의한 흡수, 광원으로 되돌아가는 빛의 경로 등에 의하여 빛의 손실이 생기게 된다. 즉, 최종적으로 사용되는 빛은 광원에서 생산된 광속보다 적고 이 비율을 기구효율(luminaire efficiency)이라 한다. 기호는 ε, 단위는 [%] 또는 비율을 사용한다.

$$\epsilon = \frac{F_{(\text{등기구에서 나오는 광속})}}{F_{L}\ (\text{광원에서 나오는 광속})}$$

3. 광원의 기초

전기를 이용하여 빛을 얻는 광원은 발광원리에 따라서 크게 두 가지로 나눌 수 있다. 즉, 물체를 뜨겁게 달구어 빛을 내는 온도방사와 원자나 분자를 여기시켜 빛을 얻는 루미네슨스가 그것이다. 발광원리에 따라 광원을 분류하면 <표 4>와 같다.

<표 4> 발광원리에 따른 광원의 분류

발광원리			대표적인 광원
온도방사			백열 전구 크립톤 전구 할로겐 전구
루미네슨스	기체방전	저압	네온사인 형광 램프 저압 나트륨 램프 무전극 형광 램프
		고압	고압 수은 램프 메탈핼라이드 램프 고압 나트륨 램프 무전극 HID 램프
	기타		LED EL

(1) 온도방사

가열에 의하여 물체가 발광하는 현상을 응용한 것으로, 온도가 높을수록 방사하는 에너지가 많으며, 색상이 점점 하얗게 된다. 이때 방사되는 파장은 연속적이며 태양에서 나오는 빛과 유사한 성질을 가진다.

온도방사를 이론적으로 연구하기 위하여 모든 파장을 흡수하는 흑체(blackbody)라는 물질을 가정하고 이에 대하여 여러 가지 연구가 진행되었으며, 가시광선에 대하여는 [그림 3]과 같은 모형을 사용하여 모의실험을 할 수 있다.

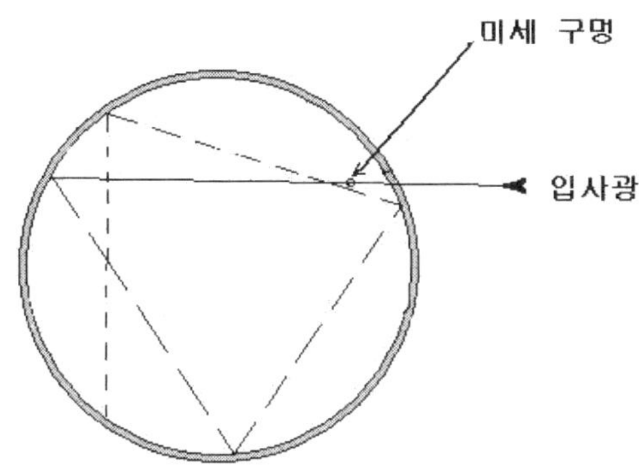

[그림 3] 가시광에 대한 흑체 모형

다음은 온도방사의 특성을 나타내는 중요한 몇 가지 법칙들이다.

1) Wien의 변위법칙

최고 방사를 나타내는 파장은 온도에 반비례한다.

$$\lambda_m \cdot T = 2.8978 \times 10^6 \ [\mathrm{nm} \cdot \mathrm{K}]$$

2) Stefan-Boltzmann의 법칙

전방사속은 물체 절대온도의 4제곱에 비례한다.

$$\Phi = \sigma \cdot T^4 \ [\mathrm{W/m^2}]$$

3) Planck의 복사법칙

여러 연구자의 연구 결과를 종합하여 Planck가 흑체복사에 대한 수식을 정립하였으며 이것을 [그림 4]에 나타낸다.

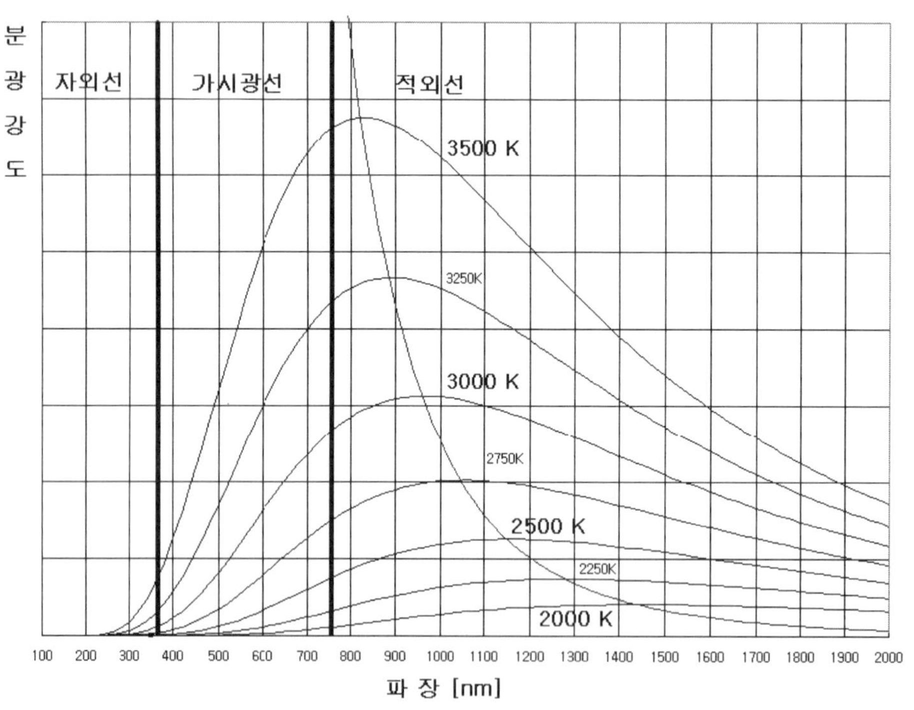

[그림 4] Planck의 복사법칙

이 그림에서 온도가 올라갈수록 곡선의 최대점이 짧은 쪽으로 이동하는 것을 알 수 있으며, 이것이 변위법칙을 나타내는 것이다. 또한, 온도가 올라갈수록 곡선의 면적이 넓어지는 것을 알 수 있으며, 이것이 Stefan-Boltzmann의 연구 결과를 나타내는 것이다. 복사법칙을 나타내는 곡선을 살펴보면 곡선 영역의 대부분이 적외선 부분에 치우쳐 있음을 알 수 있다. 즉, 온도방사에 의하여 얻어지는 가시광선은 공급된 에너지의 극히 일부분이며 대부분은 열로서 소모됨을 알 수 있다. 백열전구는 필라멘트의 재질 특성상 3,200 [K]이상으로 가열하기 힘들며, 일반 백열전구는 3,000 [K] 이하로 점등시키기 때문에 주어진 에너지의 10 [%] 이상을 빛으로 변환시키지 못하며 이 점이 백열전구가 효율이 낮은 근본적인 원인을 설명하고 있다.

이와 같은 온도방사의 저효율을 해결하기 위하여 다른 발광원리를 응용하기 시작했으며, 이와 같은 시도가 방전등을 만들게 하였다.

(2) 루미네슨스

온도방사 이외의 모든 발광현상은 루미네슨스에 의한 것이며, 이것은 원자나 분자가 외부의 에너지를 받아 여기한 후, 다시 원 상태로 복귀하면서 외부에 에너지를 전자파의 형태로 내놓는 것이다. 이때, 외부로 방출되는 전자파의 파장이 가시범위에 있으면 우리가 그 에너지를 빛으로 느끼는 것이다.

[그림 5]에 루미네슨스의 원리를 나타낸다. 그림에서는 여기준위를 두 개만 나타내고, 방출되는 주파수(파장)도 따라서 두 개만 나타내었으나, 일반적으로 훨씬 더 많은 여기준위가 존재하며, 따라서 더욱 다양한 주파수(파장)이 방출될 수 있음을 의미한다.

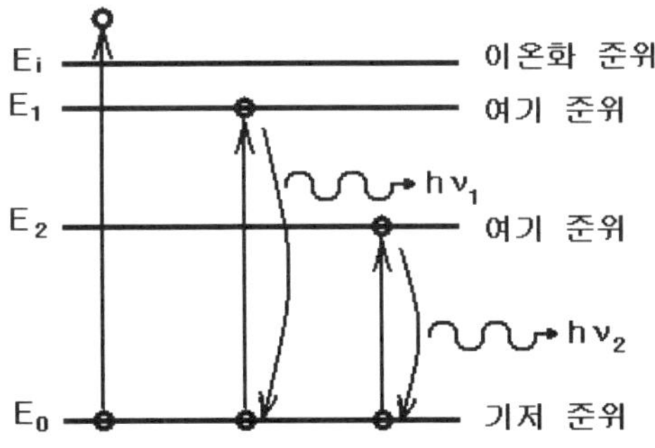

[그림 5] 루미네슨스

그림에서 가장 왼쪽의 전자는 아주 큰 에너지를 공급받아 이온화가 된 것을 나타낸다. 이온화된 전자는 원자나 분자에 구속되지 않는 자유전자가 되어 기체의 방전이나 전하의 운반 등에 참여한다. 이와 같은 자유전자는 기저준위로 돌아오지 않으므로 루미네슨스와 직접적인 관계가 없다. 반면에 가운데의 전자와 오른쪽의 전자는 적당한 에너지를 외부로부터 공급받아 기저준위에서 여기준위로 이동하였다가 다시 기저준위로 복귀하고 있다. 이때 가운데 전자는 오른쪽의 전자보다 높은 궤도(준위)에서 복귀하므로 더 많은 에너지를 외부에 내놓게 된다. 이것을 식으로 표현하면 다음과 같다.

$$\Delta E_1(=E_1-E_0)=h\ \nu_1>\Delta E_2(=E_2-E_0)=h\ \nu_2$$

$$\therefore \nu_1>\nu_2$$

$$\therefore \lambda_1<\lambda_2$$

즉, 높은 궤도에서 복귀하는 전자가 더 짧은 파장을 방출한다. 이와 같이 방출하는 파장 중에서 가시파장이 방출되면 우리가 빛으로 느끼게 된다. 외부에서 어떤 형태로 에너지를 주는가에 따라 루미네슨스의 명칭이 결정되며 그 중에서 중요한 몇 가지는 다음과 같다.

1) 전기(electric): 기체 방전에 의하여 고속전자나 이온의 충돌에 의하여 기저준위의 전자가 여기. 일반 방전등에서 이용
2) 전계(electro): 외부에 강한 전계가 걸리는 경우 기저준위의 전자가 여기. LED, EL
3) 방사(photo): 전자파에 의하여 기저준위의 전자가 여기. 형광등의 형광체
4) 음극선(cathode ray): 고속전자의 충돌에 의하여 기저준위의 전자가 여기. 브라운관의 형광체
5) 생물(bio): 루시페린의 산화. 반딧불이

III. 기존 광원 기술

1. 백열전구

백열전구는 1879년 에디슨에 의해 탄화 면사 필라멘트 백열전구가 발명된 이래, 다른 램프에 비하여 저효율임에도 불구하고 저가, 고연색성, 배광제어의 용이성의 장점이 적용될 수 있는 경우, 꾸준히 사용되어오고 있다. 일반 백열전구의 경우, 신제품은 발표되지 않고 있으며 가장 최근의 것이 크립톤 전구, 세로형 필라멘트 채용 백열전구 정도이다. 할로겐 전구에 대하여는 꾸준하게 신제품이 발표되고 있으며, 백열전구가 꼭 사용되어야 하는 곳에는 일반 백열전구보다 고효율, 저소비 전력의 할로겐 전구를 채용하는 실정이다.

외국에서의 신제품으로는 다양한 빔 각도를 가지는 PAR 타입의 할로겐 전구, 젖빛 확산 커버를 채용한 MR16 규격의 할로겐 전구가 발표되었으며, 제조사의 발표규격에 따르면 이들 모두 수명 4,000 시간으로 기존 수명의 2배에 이르고 있다.

2. 형광등

형광램프는 1930년대 말에 발명이 되었으며 1970년대에 삼파장 형광램프의 출현으로 고효율, 고연색성을 함께 갖춘 램프가 개발되어 현재 여러 광원 중에서도 가장 널리 사용되어지고 있다. 최근에는 분광분포에서 청록색 및 짙은 적색에너지를 가한 오파장 형광램프도 선보이고 있다.

가장 널리 사용되고 있는 직관 형광램프는 T10(관경 32 [mm])에서 급속히 T8(관경 26 [mm])로 대체되고 있는 추세이다. 우리나라의 경우 26 [mm] 형광램프는 에너지 자원절약 차원에서 정부가 정책적으로 지원하고 있다. 최근에는 더욱 효율이 향상된 T5(관경 16 [mm]) 규격이 개발되어 유럽을 시작으로 빠르게 적용되고 있고 안정기 내장형 형광램프도 많이 이용되고 있다. 우리나라의 경우에도 몇 년 전 KS 규격이 이미 확정되었고 수입제품 뿐만 아니라 몇몇 국내

조명회사에서 자체 개발을 완료하여 시장 판매가 이루어지고 있다. T5 규격의 경우는 이전의 램프와는 길이, 핀 규격 등이 다르기 때문에 전용의 전자식안정기와 전용의 등기구를 사용하여야 하는 대체용이 아닌 신규용으로 고려된다. T5 램프의 경우 그 효율이 좋고 콤팩트하여 기존의 조명외에 장식용의 목적으로 여러 응용분야로 확대될 것으로 전망되고 있다.

에너지 소비량이 큰 백열전구를 대체하기 위해 개발된 콤팩트(compact fluorescent lamp; CFL) 형광램프는 새로운 램프의 모양, 다양한 크기 및 성능의 향상 등으로 그 시장성이 지속적으로 상승하고 있다. 그러나 이를 대체 가능한 무전극 램프나 LED 램프 등 신기술이 지속적으로 개발되고 있어 효율이나 가격에서 경쟁하게 될 것이다.

형광램프의 가장 선진화된 기술이라고 할 수 있는 CCFL(cold cathode fluorescent lamp)은 현재 일반조명용 광원보다는 주로 LCD용 Backlight로 사용되고 있으며 일본 등에서 독점기술을 지니고 있던 것을 얼마 전 국산화에 성공한 제품이다. 낮은 소비전력, 장수명, 우수한 진동 및 충격저항, 작은 크기와 경량을 특징으로 한다. 이는 기존 일반 형광램프에 비해 부가가치가 매우 높을 뿐만 아니라 향후 LCD-TV에 적용이 될 경우 기하급수적으로 수요가 증가하게 될 것으로 예상된다. 하지만, 현재 여러 가지 방법을 통하여 개발이 시도되고 있는 면광원이 상용화될 경우 가격이나 효율, 광균일도, 설치의 용이성 등에서 이와 경쟁해야하는 어려움을 겪게 될 수 있다. 현재 CCFL은 LCD용 Backlight 이외에도 낮은 소비전력, 장수명 및 고휘도를 장점으로 유도등(Exit Sign) 및 광고 패널의 광원으로 사용되고 있고 점차 그 활용범위를 일반 조명으로까지 넓혀가고 있다.

외국의 경우, 절전형 T8 28 [W] 직관 형광램프와 안정기, 수명 30,000 시간 이상의 장수명 직관 형광램프, TCLP 대응 T5, T5HO 직관 형광램프, 특수효과 연출에 사용하기 위한 T5 28 [W]의 3종(적색, 녹색, 청색)의 직관 형광램프, 고출력(소비전력 60, 85, 120 [W])의 콤팩트 형광램프, 기존 백열전구 등기구에 그대로 사용할 수 있는 각종의 소형 안정기 내장형 형광램프가 발표되었다.

3. HID 램프

HID 램프는 소형화, 콤팩트화 되어가고 있는 것이 현재의 연구 개발 추세이다. HID 램프의 주요 광원인 메탈핼라이드 램프나 고압나트륨 램프와 같은 경우 기존의 고압수은등용 등기구를 사용하기 위해 램프 체적이 크게 설계되었다. 이는 열방출을 쉽게 하는데 도움이 되긴 하였지만 조광제어에 있어서는 걸림돌이 되었다. 조광제어를 원활히 하기 위해서는 형광체에 의한 특성 개선을 필요로 하지 않는 메탈핼라이드 램프나 고압나트륨 램프를 사용하여 발광관을 광원의 크기로 한 기구 설계를 필요로 한다. 즉, 광원의 크기는 외구의 크기에서 발광관의 크기로 바뀌게 된다. 램프의 크기가 작아지면 기구의 설계에는 여유가 생기는데 램프측에서 보면 열적인 부하가 증가하는 것이 되며, 그만큼 외형이나 발광관에 사용되는 재료나 설계의 재검토가 이루어지고 예컨대 용적비가 1:10정도이하로 되어 있는 램프의 경우, 외구에 통상 사용되고 있는 경질 유리 대신 내열성이 좋은 석영 유리가 사용되고 있다.

또, 점포조명 등의 경우에는 기구가 너무 눈에 뜨이지 않게 하는 것이 요망되는 경우가 있으며 효율이 높고 연색성이 좋은 소형 HID 램프가 사용되게 되었다. 이 용도에서는 특히 램프 자체가 작을 필요가 있으며 저전력화(150W 이하)와 함께 소형화가 진행되고 있다.

현재, 실외조명과 상업용 조명으로 널리 사용되고 있는 HID램프나 할로겐 램프를 대체하고 시장을 점점 넓혀가고 있는 램프가 UHP(ultra high pressure) 램프이다. UHP 램프는 필립스사에서 최근에 개발한 램프로서 일종의 초고압 램프이다. UHP 램프는 장수명, 점등 중의 광속의 높은 안정성을 특징으로 기존에 할로겐 램프가 점유하고 있던 광학기용 조명시장을 빠르게 대체하고 있다. 특히, 빔 프로젝터나 프로젝션 TV의 수요의 증가에 따라 UHP의 수요도 계속해서 증가할 것으로 보인다.

외국의 경우 기존의 원통형에서 구형으로 발광관의 모습을 개조한 메탈핼라이드 램프, 35~100 % 까지 조광이 가능한 메탈핼라이드 램프와 전자식 안정기, 기존 1 [kW] 램프 대체용 875 [W] 메탈핼라이드 램프와 전용 안정기, 의료, 연구, 특수 효과 등에 사용될 수 있는 200, 270, 350 [W]의 소형 직류방전 램프, TCLP 대응 메탈핼라이드 램프, PAR64 세라믹 메탈핼라이드 램프, 다양한 규격의 세라믹 메탈핼라이드 램프, T4 규격의 세라믹 메탈핼라이드 램프, 등기구 디자인을 용이하게 해주는 100 [W] 콤팩트 고압나트륨 램프 등이 발표되었다.

IV. 신광원 기술동향

1. 무전극 램프

무전극 램프의 기본 동작원리인 고주파 무전극 방전은 100여년 전에 발견한 현상이지만 조명용 광원으로 본격적으로 연구된 것은 1970년 중반부터였다. 하지만 상품화에는 실패하였고 1990년대에 들어와서 미국, 네덜란드, 독일 및 일본 등에서 개발 및 상품화가 급속도로 진행되어 현재, GE, Osram, Philips, National 등 세계적인 조명회사들이 다양한 규격의 제품들을 세계시장에 판매하고 있다.

국내의 경우 무전극 방전램프가 연구, 개발과제로서 부각된 것은 수년 전이며, 국책과제로 2005년 현재 1단계 사업이 완료되었다. 저압 형광형은 금호전기를 중심으로, 고압형은 LG전자를 중심으로 몇몇 업체들이 100W급 및 수 백W급을 개발 중에 있으며, LG전자에서는 PLS라는 제품명으로 700, 900W의 고압형 무전극램프 시스템을 시판중에 있다.

방전램프의 전극은 상당한 에너지 손실원이며 제조하기가 까다롭고 점등 실패의 결정적 원인이 되는 등 전극으로 인해 여러 가지 문제가 발생한다. 그러나 무전극 방전을 이용할 경우에는 이러한 점이 해소되므로, 수명의 측면에서 보면 이것만큼 확실한 해결책은 없다. 일반적인 형광램프의 수명이 8,000시간인 반면에 무전극 형광램프의 가장 큰 장점인 장수명 특성은 초기 광속 대비 55%까지 수명이 약 10만 시간 정도로 몇 배 이상이 된다. 이 값은 1일 10시간 씩 사용 시에 27년 이상 사용이 가능한 수치이다. 결국, 장수명, 고효율 조명으로서 대폭적인 에너지 절감을 할 수 있고, 적절한 곳에 사용할 경우 유지 및 보수비를 획기적으로 절감할 수 있다. 또한 고압형의 경우에는 수은을 전혀 사용하지 않아 친환경적이라는 매력적인 장점을 가지고 있다.

그러나 이러한 많은 장점을 가졌음에도 불구하고 제품을 사용화하기에는 몇 가지 어려움이 있다. 첫째가 경제적인 측면이고, 둘째는 제한된 동작주파수이며, 셋째가 전자파 간섭의 문제이다. 일반적으로 RF방전을 발생시키고 유지하기에는 높은 주파수가 유리하지만 동작주파수 선택의 폭이 한정되어 있고, RF 전원장치의 복잡한 스위칭 회로의 제작은 비싸질 수밖에 없다. 또한, 각종 의료장비 및 통신기기, 계측기와 인체에 유해성 유무에 논란의 여지를 가지고 있는 EMI(electro-magnetic interference)억제에 대한 관심은 점점 증대하고 있으며, 이러한 점들의 개선은 꾸준한 연구를 통해 모색되어야 할 것이다. 또한 무전극 형광램프의 전력 효율은 램프 내의 가스 종류, 가스 압력, 램프 형상 자성체 재료 및 형상 그리고 동작 주파수 등에 큰 의존성을 가진다. 특히 제한된 주파수에서의 효율 향상을 위해서는 램프의 구조설계 분야도 큰 비중을 차지한다. 특히, 고주파 에너지를 공급하는 장치는 중앙부에 발생하는 공진 주파수를 전자기장을 이용하여 에너지를 공급하는데, 이때의 전기적인 변환 결합은 대단히 중요하며, 지금까지 이를 위한 많은 특허와 기술보고가 있으나 실용적으로는 많은 해결해야 하는 문제점들이 많다.

외국에서는 Philps의 QL 램프, Osram의 Endura, GE의 Genura가 발표되어 이미 상용화 되고 있으며, 최근 국내에서도 그 사용이 급격히 늘어가고 있다.

2. LED

반도체 기술의 발전으로 기존에는 전자회로 부품으로 사용되던 LED(lighti ng emitting diode)가 또 다른 조명용 광원으로 대두되고 있다.

1960년대 말부터 LED 광원이 실용화되기 시작하였으며, 현재는 미래의 첨단조명으로 많은 연구가 이루어지고 있다. LED는 전류를 인가하면 빛을 내는 화합물 반도체로 순수한 파장의 빛을 가진 단색광원체이다. 원색의 경우 단파장발광으로 고순도 칼라를 재현할 수 있으며, 단파장색의 혼합에 의해 중간색의 표현도

가능하다. LED의 특성상 기존전구의 1/20~1/50 정도의 저전력 소비로 에너지 절감 및 환경 친화적 제품의 대표주자라 할 수 있다.

또한, 기존 전구 램프처럼 눈이 부시거나 Element(소자)가 단락되는 경우가 없어 소형으로 제작되어 각종 표시소자로 폭넓게 사용되고 있으며, 반영구적인 수명(약 1백만시간)으로 그 활용도가 높다. 특히 청색 LED의 상용화로 LED Full-Color 구현이 가능해지고 가격도 크게 낮출 수 있게 되면서 제품의 활용도는 급속히 높아질 전망이다.

현재, 전구형, 막대형 등의 제품이 시중에 판매되고 있으며 정부에서는 기존의 백열전구 신호등을 LED 신호등으로 대체하는 사업을 추진중에 있다. 특히, 신호등 분야의 경우 150 [W] 백열전구가 18 [W] LED로 대체되므로 에너지 절감량이 매우 크다.

가까운 장래에 LED는 MR 램프(할로겐 전구)나 소형 조명시장의 일정부분을 차지하게 될 것으로 예상되며, 자동차용 액세서리 등 및 방향지시등, 항공장애등 등에도 사용이 추진되고 있다. 또한 LED를 전선으로 길게 병렬로 연결하여 점등시키는 LED Bar의 경우 기존의 네온광고판 시장에 진출이 가능하다. 먼 장래에는 고효율화(2010년 목표효율 약 200 [lm/W])에 의하여 일반용 광원의 주류로 될 것이라는 예측도 있다.

<표 5> 조명용 LED 개발 현황

항목 / 제조사	크기 [W]	광속 [lm]	효율 [lm/W]	색온도 [K]
GELcore	38 45	900 1,440	24 45	6,500 4,800
Cree	1.2 1.15	57 80	47 70	2,700~10,000 5,000~10,000
Lamina	5.3	120	23	5,500
Luxeon	1.2	53 (G) 45 (W)	44 38	5,500

3. 기타 신광원

최근 무수은 고효율 박막 발광에 대한 관심이 높아지면서 EL 램프, CNT(carbon nano tube) 등의 신소재를 사용한 램프에 대한 관심이 높아지고 있다.

CNT 램프는 CNT라는 탄소 동위원소를 전자방출소자로 이용한 전극과 형광체를 도포한 전극사이에 고압의 전계를 가하면 전자가 방출되어 전면의 형광체를 여기시키는 방법으로 기존의 FED와 같은 발광원리를 지니고 있다. CNT광원은 고휘도 구현이 가능하여 현재 실험실 수준에서 최고 100,000 [cd/m^2]의 휘도를 얻은 것으로 보고되었다. 램프의 두께는 약 2~3 [mm]로 초박형이다. CNT의 가장 큰 장점은 수은이 전혀 필요없다는 것이다. 현재, 정부에서 추진하고 있는 형광램프의 수은규제와 맞물려 무수은 램프라는 장점이 부각되고 있다. CNT를 이용한 램프는 기존의 면광원과 같이 LCD용 Back light로 사용될 수 있으며 가격과 효율면에서 어느 정도 경쟁력이 확보된다면 추후 광고용이나 일반조명용으로도 쓰임새가 넓어질 수 있다. 현재, 외국의 몇몇 연구소에서 연구 · 개발 차원으로 신호등, 20W 직관형 형광램프에 적용하여 점등 실험을 하였다는 보고가 있으며, 국내에서는 정부 국책과제로 연구개발이 진행되고 있다. CNT Powder는 국내 제조사에서 개발이 완료된 상태이다.

EL 램프는 1936년 투명전극과 일반 전극사이에 절연체를 충진시키고 교류전압을 공급할 때 발광현상이 일어나는 것을 응용한 제품으로 저전력 소비, 초박형, 자유 형상으로 제조가 가능하다는 장점을 가지고 있다. 수명은 무기발광재료를 사용할 경우 10,000 시간 정도로 보고 있으며, 실용상 휘도가 너무 낮아 한동안 제조 및 연구가 중지된 상태였다. 최근, 유기발광재료의 개발에 힘입어 다시 연구가 진행되고 있으며(OLED), 수명 3,000 시간 정도로 다른 광원에 비하여 짧다는 단점이 있으나, 초기의 장점은 그대로 유지하고 있어 그 응용이 주목된다. 주요 성능 개선점으로는 구동 주파수 증가에 의하여 휘도와 소비 전력을 증가시켜 현재 휘도 50~200 [nt]의 제품도 발표되고 있다. 특히, OLED는 디스플레이 소자로 이용하려는 연구가 활발하다.

이외에도 외부전극 형광램프(EEFL, 수명 50,000 시간의 장수명. 일반 냉음극 형광램프 사용 가능. 하나의 전원장치로 여러 개의 램프를 점등), 무수은 Xe 평판 형광램프(상품명 Planon. Osram사 제조. 효율 30 [lm/W], 휘도 10,000 [nt]) 등의 여러 가지 신광원이 발표되고 있다.

<표 6> 조명용 광원 개발 추이

항목 / 광원	크기 [W]	색온도 [K]	Ra	수명 [hr]	비고
세라믹 MH	25 ~70	3,000 ~4,000	87 ~95	10,000 ~12,000	PAR30, PAR38, T6 MR-16 spot, narrow
T5 FL	28, 54	3,000 ~5,000	82 ~85	20,000	5~80[℃]에서 90% 이상의 광출력
무전극	100, 150	3,000 ~5,000	80	100,000	-40[℃]에서도 점등

V. 결언

앞서 살펴본 바와 같이 조명부문은 에너지와 환경 모두에 큰 영향을 미치고 있다. 조명에 사용되는 에너지를 줄이면 전기 생산을 줄여서 환경에 미치는 영향을 줄일 수 있고, 친환경 조명제품을 사용하여 직접적으로 환경보전에 기여할 수도 있다. 조명에너지 절감과 환경보전을 위하여 다음과 같은 사항을 염두에 두어야 한다.

1. 적극적인 소등

사용하지 않는 장소에 대한 불필요한 점등을 최대한 방지한다. 그 장소의 사용자가 일차적으로 의무감을 가지고 대처하며, 실행이 어려울 경우 타임 스케듈 제어나 재실자 감지 센서 등을 사용하여 자동적으로 점·소등이 될 수 있도록 제어

장치를 부가한다.

2. 고효율 기기의 사용

고효율 기기를 사용하면 조명환경의 저하를 일으키지 않고도 조명전력을 줄일 수 있다. 신규 건물에는 보상제도가 시행되고 있는 고효율 기기의 사용을 의무화한다. 기존 저효율 기기는 고효율 기기로 교체하며, 이때 소요되는 비용은 일반적으로 2년 내지 2년 반 정도면 투자회수가 된다.

3. 친환경 기기의 사용

현재 일반적으로 사용되는 방전램프에는 모두 수은이 함유되어 있다. 수은이 포함되지 않은 램프를 사용하는 것이 가장 바람직하지만 현실적으로 어려우므로, 가능한 무수은 제품을 사용하도록 하되 여의치 않은 경우 저수은 제품을 사용하도록 한다. 더불어 폐기물 수거 프로그램에 적극 동참하도록 한다.

2장 고효율 조명기구

I. 고효율 조명기기의 특성과 설계법

1. 개 요

고효율 조명기기의 사용은 전력사용의 수요관리(DSM, Demand Side Management)로부터 출발한다. 종전에는 전기사업자가 사용자에게 전력을 공급하기 위하여 공급 측 관리(SSM, Supply Side Management)에 중점을 두어 왔으나 이에 대응되는 개념에서의 부하관리로 이해된다.

수요관리는 전기사업자의 전원입지 확보의 어려움, 발전소나 변전소의 건설에 따른 재원 조달문제, 환경규제의 강화 등으로 전원의 적기공급이 예측하기 어려워지고 있으며 최소비용계획(least cost planning)에 의한 공급 측 대안과 수요 측 대안의 최적점을 찾는 개념의 일환이다.

수요관리의 궁극적 목표는 전력수요를 합리적으로 관리하여 부하율 향상을 통한 원가절감과 전력수급 안정이다. 이들의 목표 달성과정에서 에너지자원 절약에 기여하는 것은 당연하다고 하겠다.

$$\text{부하율} = \frac{Average\ power}{Peak\ power} \times 100$$

수요관리는 부하관리와 전략적 소비절약으로 나누어지며 이를 설명하면 다음과 같다.

(1) 부하관리

부하관리는 전력사용의 피크치를 억제하고 심야수요를 증대시킴으로서 최대부하와 최소부하 간의 차이를 감소시켜 평준화를 목표로 한다. 즉 전력공급설비의 이용효율을 향상시킬 목적이다.

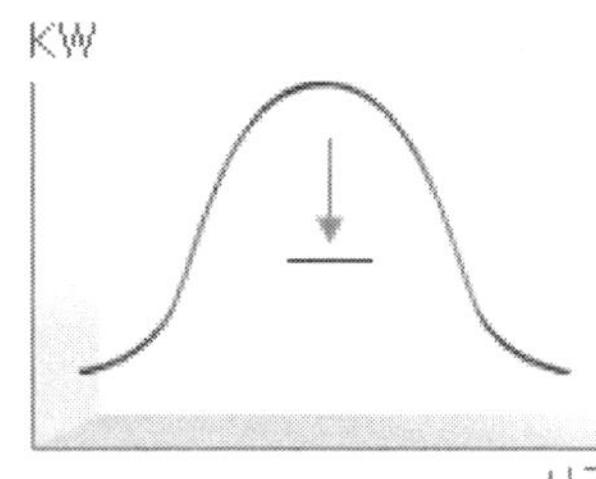

Mode 1. 최대수요 억제(Peak Clapping)
계절별 또는 시차별 최대수요를 억제하는 가장 대표적인 모형이며 전기요금의 차등화나 인센티브 등 다양한 방법을 채택하고 있음.

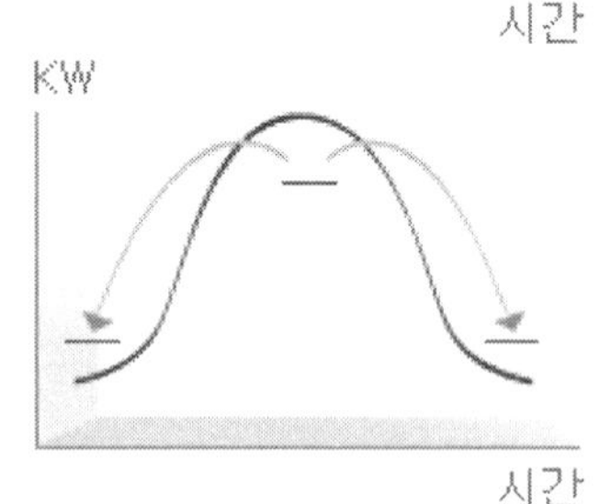

Mode 2. 최대부하 이전(Peak Shifting)
피크시간대 전력수요를 경부하 시간대로 이전하며 최대수요 감소와 심야부하를 증대시키는 효과가 기대된다.

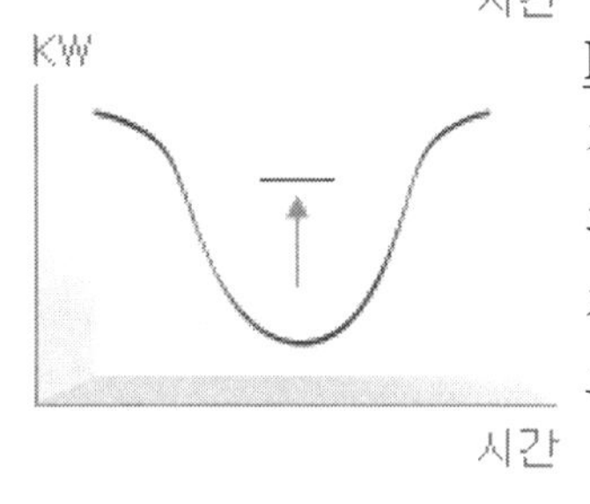

Mode 3. 기저부하 증대(Valley Filling)
경부하 시간대의 수요를 증대시켜 설비이용률을 높이고 판매 전력량을 증대시키는 방법이다. mode2와 연계하여 검토되어야하고 공급설비가 대형화됨에 따라 높은 기저부하가 요구된다.

[그림 1] 부하관리의 3가지 유형

(2) 전략적 소비절약(Strategic Conservation)

전력사용 효율 향상을 통하여 전력수요를 절감시켜 에너지 자원의 절약과 환경을 보전하는 것을 목적으로 한다. 고효율 기기의 기술개발과 보급촉진을 통하여 기기의 효율 향상을 유도한다.

- 고효율 조명기기
- 고효율 전동기
- 고효율 인버터
- 고효율 자동판매기

- 고효율 변압기
- 축냉식 냉방설비
- 축열식 난방, 온수기
- 원격제어 에어콘 등의 소비절약 기기가 그 대상이다.

2. 고효율 조명기기의 특성과 설계법

공인기관에서 성능시험을 거쳐 합격한 제품에 대하여 "고마크"를 부여하고 이 마크가 부착된 조명기기를 절전용량 기준 1kw 이상 설비를 설치한 수용가에게 한국전력공사에서 지원금을 지원하며 대상 품목은 다음과 같다.

- 전자식 및 자기식 안정기(32W)
- 전구형 형광등(15~32W)

기타 에너지이용합리화 자금으로 지원해주는 제도가 있으며 종류로는

- 32W(26mm) 형광램프
- 고효율 HID 램프
- 고조도 반사갓
- 태양광 가로등 설비 등이 있다.

(1) 고효율 조명기기의 특성

우리나라 전력 소비량의 약 18%가 조명부하이며 이 소비량의 20% 정도를 감소시키는 목적의 운동이 녹색조명운동(GEF)이다. 즉 고효율 조명기기의 보급을 주목적으로 하고 있다. 고효율 조명기기를 사용함으로서 얻는 이득은

- 에너지 효율을 높이기 때문에 전기요금 절약
- 유지비용 절약

- 램프의 발생열을 감소시켜 냉방비가 절약
- 조명의 질을 향상시켜 시력을 보호하는 장점이 있다

고효율 안정기는 일반형보다 36%, 전구형 형광등은 백열등에 비해 약 75%의 소비전력을 절감 시킬 수 있다.

1) 전자식 안정기

형광램프는 램프 양단의 필라멘트에 전류가 흐르면서 가열되어 램프안의 가스가 이온화 되면서 빛을 발생시킨다. 전자식 안정기는 25KHz 이상의 고주파에서 작동하기 때문에 전류 극성이 바뀔 때에도 램프 내 캐리어가 충분히 남아있어서 재방전을 하기 위한 별도의 전압이 필요 없으며 광효율이 증가함에 따라 약 20% 정도의 절전효과가 있다. 또한, 구성품이 전자회로이므로 자체 소모전력이 5% 정도 절감된다.

전자식 안정기는 열손실로 인한 효율감소, 역률저하로 인한 무효전력을 최소화할 수 있는 장점이 있으며 종래의 재래식 안정기에 비해 약 25% 정도 절전효과가 있다.

전자식 안정기와 관련된 KS C 8100의 일부를 소개하면 아래와 같다.

- 고조파(THD, Total Harmonic Distortion)

미국(ANSI)	20% 미만
K S	고고조파 함유형 30% 미만
	저고조파 함유형 20% 미만
고마크	**20% 미만**

- 접지

안정성과 성능 보완 기능이 있다. 안정성 측면에서 보면 전자식 안정기 내의 콘덴서는 전원을 차단하였을 경우 잔류전압이 1분 이내에 45V 이하(KS C-8100, 16항)를 유지하여야 하는데 이를 위하여 콘덴서와 병렬로 저항을 삽입하여야 한다. 이를 충족시키기 위해서는 이론적으로 수백kΩ의 저항이 필요한데 전력소모와 발열이 문제가 된다. 따라서 조명기구의 외함을 접지시킴으로서 잔류전압을 신속히 방전시켜주는 효과와 함께 잔광 발생을 억제시킬 수 있다.

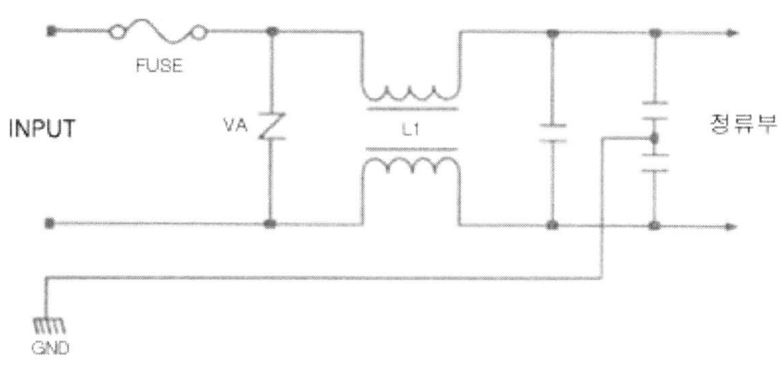

[그림 2] 전자식 안정기의 접지회로

성능 측면에서는 접지가 안 되었을 경우 전계강도에 의해 주변기기에 EMI에 의한 오동작의 영향이 우려되므로 필히 접지 시공이 이루어 져야한다.

<표 1> 고효율안정기와 일반안정기의 특성(K사 제품 기준)

구　분	고효율 32W 전자식 안정기	일반 36W 전자식 안정기	비고
입력전류(A)	0.144	0.160	
입력전력(W)	31W	36W	**14% 절전**
파고율(Acf))	1.5	1.6	광속, 램프 수명향상
T.H.D(%)	16	19	**전자파 저감**

2) 고효율 램프

① FPL 32W

기존의 FPL36W EX-D와 비교하면 약 15% 정도의 절전과 10% 정도 향상된 광속을 얻을 수 있다.

<표 2> 기존 FPL36W와 고효율 FPL32W 램프 비교(K사 제품 기준)

구 분	FPL36W	FPL32W	비 고
길이(mm)	407	407	
소비전력(W)	35.39	29.75	15%절전
광속(lm)	2,705	2,985	17% 광속 상승
효율(lm/W)	76.44	100.21	31% 효율 증대

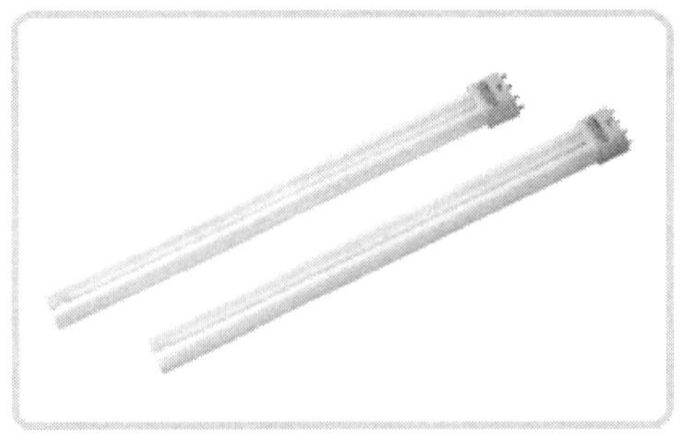

[그림 3] FPL32W

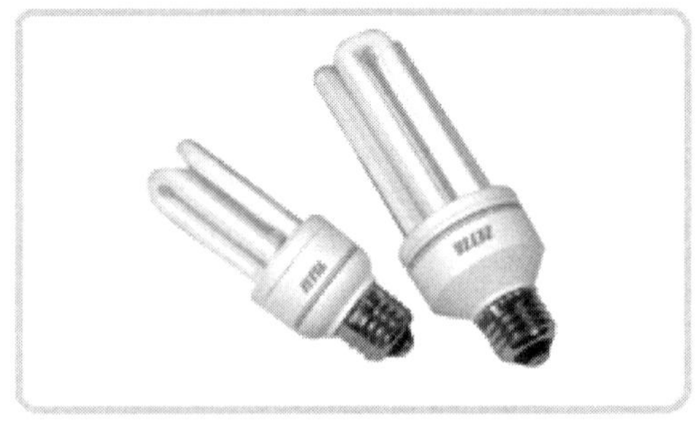

[그림 4] 전구식 형광등

② 전구식 형광램프

소비전력 20W로 일반 백열등 100W 정도의 밝기를 나타내므로 80% 정도의 전력을 저감시킬 수 있다. 시중에 나와 있는 대부분의 제품은 인버터 채용 방식으로서 즉시 점등과 함께 일반전구에 비해 수명이 10배 정도 길다.

용도 : 업무용, 주택의 거실이나 또는 현관에 사용되며 백열전구 소켓에 직접 꼽아 이용할 수 있다. [그림 4]

③ 무전극 형광램프

무전극 형광램프는 램프 내부에 필라멘트가 없기 때문에 無電極이라고 하며 형광등과 비슷한 광효율을 가지면서도 일반 형광램프에 비해 수명이 10배 정도 길다.

또한, 방전램프와 비교하면 35% 정도의 에너지 절감과 함께 고주파 점등(2.65MHz)으로 인해 깜박임이 없어 눈의 피로가 감소하고 플리커 발생이 없다. 연색성의 경우 80~90Ra 정도로 자연광에 근접하고 현장 여건에 따라 삼파장이나 다파장 형광체를 사용하면 다양한 색온도를 얻을 수도 있으며 0.5초 이내의 짧은 점등과 함께 예상수명이 약 60,000hr에 달한다.

산업용이나 고천정 조명으로 기존의 방전등을 교체할 수 있는 조명기구이고 23W, 80W, 100W, 150W, 200W의 종류가 있다. [그림 5]는 다른 램프와의 수명을 비교한 것이다.

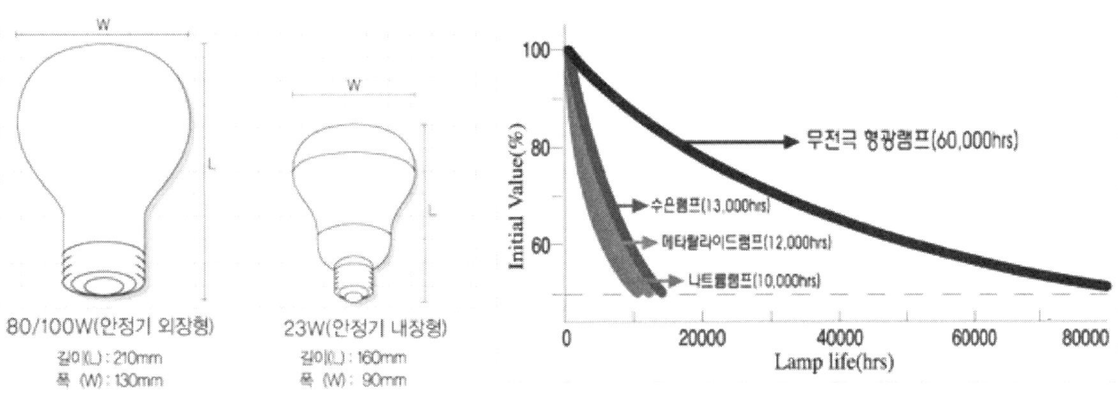

[그림 5] 무전극 형광램프의 규격 및 수명 비교

④ 전구형 및 할로겐형 LED 램프

LED(Lighting Emitting Diode)는 화합물 반도체에 전류를 인가하면 빛을 발광하는 단색 광원이다. 기존 전구의 $\frac{1}{20} \sim \frac{1}{50}$ 의 저전력 소비로 에너지 절감이 매우 높으며 환경 친화적이고 소형, 간편하며 장 수명(100,000hr)이 특징이다. 또한 단파장(Red, Blue, Green, White 등)의 혼합에 의해 다양한 색의 구현(Full Color Display)으로 경관조명이나 인테리어 램프로서 활용할 수 있는 장점이 있다. 최근에는 다운 라이트 type 매입등도 많이 사용하고 있는 추세이다.

LED 램프는 다양한 용도로 사용되어지는데 특히, 침실등, 장식등, 복층 주택내 계단 등에 이용되고 있으며 약 5~10W 급이 보편적으로 사용된다.

[그림 6] 전구형 LED 램프

[그림 7] 할로겐 형 LED 램프

[그림 7]은 할로겐 형 LED 램프로서 기존 할로겐램프 소켓에 그대로 사용할 수 있게 제작된 램프이다. 할로겐램프의 최대 단점인 발열이 없고 빛의 선명도도 매우 좋으며 광학 렌즈를 사용하기 때문에 가시성이 좋아 인테리어 조명에서 할로겐램프를 대체할 수 있는 고급램프이다.

⑤ 기타

냉음극 형광램프(CCFL)도 최근 들어 고효율의 램프로서 다양한 용도로 사용되어지고 있다. 냉음극 형광램프는 유리관 내벽에 형광물질(Powder)이 도포되어 있고 양단에 전극이 부착 되어 있으며 수십 Torr의 혼합가스와 소량의 수은이 봉입 되어 있는 형광램프이다. 특징으로는 형광체의 배합으로 다양한 발광색의 연출이 가능하고 소비전력도 2~5W 정도로 낮아 전력손실을 최소화 할 수 있으며 수명은 70,000hr 정도이다. 또한 소형경량이기 때문에 기구도 작아 보기에도 좋은 장점을 가지고 있다.

냉음극 형광램프의 동작원리는 일반 형광램프와 거의 같으며 이를 간략히 설명하면 다음과 같다.

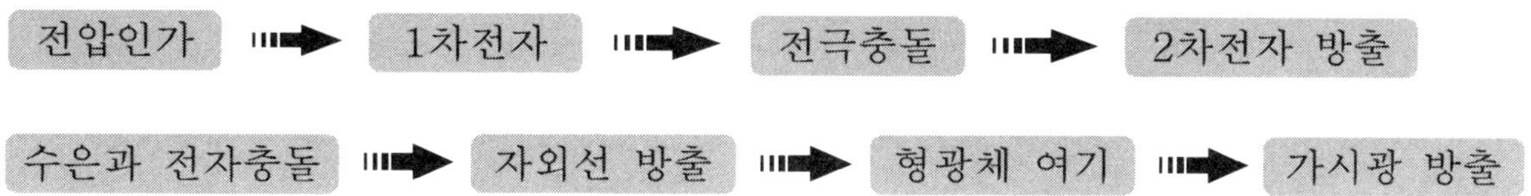

전극간에 고전압을 인가하면 관내 전자가 전극(+)으로 끌려서 고속 이동하고 전극에 충돌하며 이때 2차전자가 방출되면서 방전이 시작된다. 방전에 의해 유동되는 전자는 수은원자와 충돌하여 자외선을 방출하고 자외선이 형광체를 여기시켜 가시광을 발생시킨다.

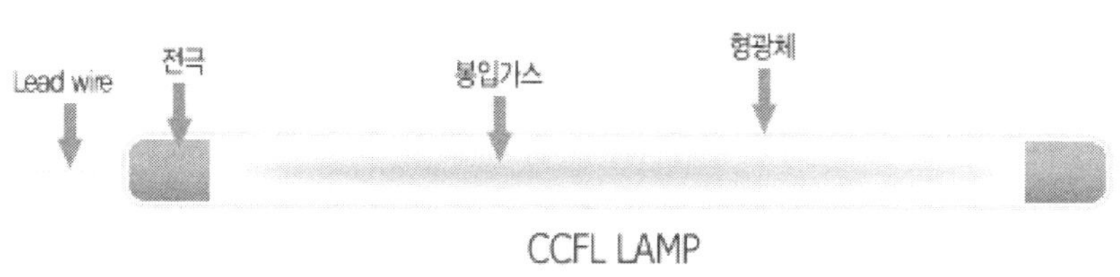

[그림 8] CCFL의 구조

냉음극 형광램프는 액정표시판의 Back Light용, 유도등 발광용 등 고휘도를 필요로하는 설비에 다양하게 사용되어지고 있으며 향후 그 수요가 매우 많아질 것으로 예측된다.

고효율조명기기는 종래 한국전력공사에서 전력수급 관리 측면에서 사용자에게 인센티브를 제공하면서 각 기업에서 고효율 제품을 생산하면서 적극적인 마켓팅으로 실수요자가 증가하게 되었다. 고효율 조명기기는 기존의 전력 다소비 시설을 저소비전력 제품으로 교체하는 것이 주종이었으나 최근에는 에너지와 관련된 사회적 인식과 정부의 적극적인 개입과 홍보로 신축 건물에서도 많이 적용되고 있다.

(2) 고효율 조명기기의 설계

고효율 조명기기의 설계는 장소에 적합한 색온도와 램프의 수명, 기기보수 등을 감안하여 적용하여야 한다. 일반적으로 백열전구류(일반전구, 반사형 투광전구, 할로겐 램프)는 국부조명이나 보조용 조명으로, 형광등 계열(일반 램프, 고출력 램프, 반사형 램프)은 낮은 천장의 전반조명이나 일부 국부조명용으로, 방전등(수은등, 메탈헬라이드등, 고압나트륨등)은 옥외 작업장이나 고천장의 전반조명으로 널리 사용 되고 있다. 따라서 이들을 고효율 조명기기와 대체할 수 있는 품목을 선정하여야하며 아래에 녹색에너지 설계 기준(조명분야)과 대표적인 형광 램프인 T5와 T8의 특성비교표를 제시한다.

<표 3> 형광램프의 특성비교

항 목	T8(32W)	T5(28W)	효 과
램프규격	FLR 32W	FH 28W	
전광속	2,900 lm	2,900 lm	
효율	90.6 lm/W	1041 m/W	밝기 13% 증가
수명	20,000hr	20,000hr	
연색성 지수	80Ra	85Ra	
관경	26mm	16mm	
길이	1,198mm	1,149mm	49mm 짧음

<표 4> 녹색 에너지(GEF) 설계 기준(조명분야)

구 분	업무시설	문화집회	공동주택	일반주택	상업시설	병원시설	숙박시설	학교시설
1. 전구식 형광등 기구	●	●	●	G	●	●	●	●
2. 26mm 32W 형광램프	●	●	●	G	●	●	●	●
3. 고효율 안정기	●	●	●	G	●	●	●	●
4. 고효율 HID 램프	G	0	0		G	0	0	G
5. 고조도 반사갓	●	●	●	0	●	●	●	●
6. 태양광 가로등 설비	0	0	0		0	0	0	0
7. 창측 조명 별도제어	●	●	G	G	●	●	●	●
8. 창측 조명의 일광제어	0	0			0	0	0	0
9. 옥외등 자동점멸 장치	G	G	G		G	G	0	G
10. 조도 자동조절 장치			●	0			●	0
11. 유도등 3선식 배선	●	●	●		●	●	●	●

주) 1. ● : 법규상 의무항목　G : GEF 의무항목　0 : GEF 권장항목

2. 1,2,3,5,10항목은 산자부 고시에 의한 공공건물 의무사용임

※ 참고문헌

1. 한국전력기술인협회 기술자료

2. 금호전기 기술자료

3. 한국전력공사 기술자료

3장 경관조명의 실제

Ⅰ. 개요

1. 경관조명계획의 배경

계획도시의 경관조명은 야간의 도시를 빛으로 장식하고 시민통행의 안전과 도시의 치안을 향상시켜 도시의 품위를 높여 줌으로써 도시문화의 척도가 되며 최근에는 경제성장을 이룬 선진국에서는 도시경관의 중요성에 대한 인식이 확산되는 추세이다.

특히 도시활동시간이 야간으로까지 연장되는 라이프 스타일 변화추세에 따라 24시간 주야 도시화 현상이 나타나 아름다움과 쾌적성이 요구된다.

따라서 도시경관을 지탱하는 요소의 하나로서 조명이 차지하는 역할이 크며 도시의 경관조명은 도시경관의 일부가 되어 야간에는 도시경관의 연출효과를 나타나게 되므로 적극적인 경관조명이 필요하다.

2. 경관조명계획의 목적

조명은 어두운 환경에 있는 대상물을 밝게 비추고 생생하게 돋보이도록 시각적으로 강조, 쾌적화, 미화하여 도시의 야경을 한차원 끌어올려 신선함을 느끼게 하며 시민들에게 도시의 야경을 아름답게 느끼고 생활의 질을 높이는 기능을 가지며 교량, 도로, 광장, 공원 등의 경관조명은 주간에는 눈에 띄지 않던 시설들이 야간에 경관조명과 함께 도시의 랜드마크에 의해 그 도시의 상징이 된다.

따라서 도시의 야간환경에 있어서 경관조명을 구현함으로써 계획도시의 아름다움과 쾌적성을 추구하여 도시의 경쟁력확보와 차별화를 통한 가치증대를 그 목적으로 한다.

Ⅱ. 경관조명

1. 경관조명 설계 단계

(1) 자료조사

미적인 측면, 지역사회의 주체성, 안전성 등 어떤 것에 중점을 둘 것인가에 대하여 조사를 하고, 조경계획 및 건축계획 등 기초 자료를 조사한다.

(2) 컨셉결정

조명 스타일이 고전적인지, 현대적인지, 활동적인 조명인지, 차분한 조명인지 등에 대하여 결정한다.

(3) 기구 조합

폴의 형태와 설치높이, 조명기구의 구조 등을 고려하여 조명기구를 개략 배치한다.

(4) 시뮬레이션

개략 배치된 도면에 의하여 시뮬레이션을 실시하고 개략공사비를 산정한다.

(5) 최종배치

사업비를 감안하여 조명기구를 최종 배치하고 조명기구의 성능, 사양을 결정하며 설치 상세도를 작성한다.

(6) 배선도, 내역서 결정

전기배선도, 부하계산서, 수량산출서 및 내역서를 작성한다.

2. 경관조명 설계시 고려사항

(1) 주변환경과의 조화

1) 글레어(Glare)

단순히 눈부심만을 일컫는 것이 아니라 빛과 조명에 의해 시각적으로 느끼는 불편함과 시각능력의 저하를 모두 포함하며 근래에는 조명환경의 기준으로서 조도가 높은 것보다는 글레어를 없애는 것이 더욱 효과적이라는 것이 입증되고 있다.

2) 빛 공해

주택 내에서 광이 미치는 영향, 교통기관의 광의 영향, 식물, 식재에 미치는 영향, 농작물의 빛의 영향, 곤충의 빛에 대한 영향, 천문관측에의 빛의 영향을 고려하여야 한다.

(2) 광원의 선택

광원의 선택에 있어서 광원의 특성 및 용도를 고려하여 적정 위치에 적정광원을 선택하여야 한다. 또한 에너지 절약형 광원을 선택하여야 한다.

(3) 조명기구의 선택

1) 기구 보호등급

기구의 설치 장소가 수중인지, 지중인지 등을 파악하여 설치장소에 맞는 기구보호 등급을 선정하여야 한다.

<표 1> 이물질 침투에 대한 보호등급

등급	내 용
IP 1X	50mm 이상 크기의 이물질 침투에 대한 보호
IP 2X	12mm 이상 크기의 이물질 침투에 대한 보호
IP 3X	2.5mm 이상 크기의 이물질 침투에 대한 보호
IP 4X	1mm 이상 크기의 이물질 침투에 대한 보호
IP 5X	위해한 먼지 퇴적물에 대한 보호
IP 6X	먼지의 유입에 대한 보호

<표 2> 물침투에 대한 보호등급

등급	내 용
IP X1	수직으로 떨어지는 물방울에 의한 보호
IP X2	최대각도 15도에서 떨어지는 물방울에 의한 보호
IP X3	최대각도 60도에서 떨어지는 물방울에 의한 보호
IP X4	물분무에 의한 보호 정도
IP X5	물분사에 의한 보호 정도
IP X6	다량의 물을 쏟아 붓는 정도의 보호
IP X7	물속에 잠긴 상태의 보호
IP X8	완전히 물속에 잠겨 있는 상태의 보호

예) IP 67 : 먼지의 유입 및 물속에 잠긴 상태에 대한 보호
(지중등에 주로 사용)

2) 등기구 배광

수목, 분수, 구조물 등의 높이, 폭 등에 따라 조사 되는 빛의 빔각도를 달리 하여야 하므로 경관조명 설계시 등기구 배광을 점검하여 적정 위치에 등기구를 설치하여야 한다.

3) 눈부심

등기구 설치 위치에 따른 보행자의 눈부심을 고려하여야 한다. 수목에 업라이트 등을 설치하였는데 보행자가 눈이 부시면 안된다.

4) 유지관리의 편의성

등기구 배광, 구조 등이 아무리 좋다 하더라도 유지관리가 불편하면 조명등이 소등된 상태로 유지관리될 가능성이 많으므로 유지관리가 편리한 등기구를 선택하여야 한다.

(4) 점 · 소등 시간조절 등 제어기능

수목 등의 성장에 지장이 없고 에너지 절약 등을 감안하여 점 · 소등 시간을 조절할 수 있도록 설계 하여야 하며, 계절별 또는 시간대별 변화되는 빛의 연출을 위한 제어가 가능하도록 설계하여야 한다.

Ⅲ. 옥외조명

1. 가로등 설계시 고려사항

가. 적절한 노면휘도 유지 : 조도
나. 휘도의 분포가 균일할 것 : 균제도
다. 눈부심이 운전 방해가 되지 않도록 배치 : 눈부심

2. 가로등주 높이

(1) 일반적으로 설치높이가 높을수록 눈부심이 감소하고, 조명기구에 의한 휘도 분포의 폭이 커져 동일한 휘도 균제도를 얻는데 필요한 조명기구의 수를 줄일 수 있다. 그러나, 시설설치비가 높아지고, 노면 이외의 부분으로 향하는 빛의 양이 증가하여 전체 효율은 낮아진다.

(2) 조명기구 설치 높이에 따른 효과 분석

가로등주 높이에 따른 효과는 <표 3>과 같으며, 40m 광로인 경우 대부분 중앙 분리대를 설치하지 않아 마주보기 배열로 설계하고 있으며, 등주높이는 제작 및 유지관리의 불편을 고려하여 11m로 제한 설계하고 있으나, 균제도를 고려한다면 등주높이를 높게 설치함이 바람직할 것임.

등주 높이 H≧0.6W를 적용하여 40m 도로에 마주보기로 배열할 경우 등주높이는 19m가 적합하나 19m로 설치시 유지관리비 및 공사비가 과다 소요되며, 배전시설이 가공지역인 경우는 배전시설과 접촉하여 위험하므로 중앙분리대를 설치하여 중앙배열과 마주보기를 병행 설치하는 것이 바람직하다.

<표 3> 가로등주 높이에 따른 비교

등주높이	11m (마주보기)	19m (마주보기)	11m(중앙배열 및 지그재그)
도로폭	도로폭: 40m	도로폭: 40m	도로폭: 40m
광원	고압나트륨 400W	고압나트륨 400W	고압나트륨 250W
등주간격	31m	25m	24m
장점	-공사비 적음 -유지관리비 적음	-균제도 적합 -눈부심 적음	-균제도 적합
단점	-균제도 맞지 않음 -눈부심 많음	-공사비 과다 -유지관리비 과다	-공사비 과다 -유지관리비 과다
공사비	100 %	120%	150%

(3) 등주 높이에 따른 조도 분포도

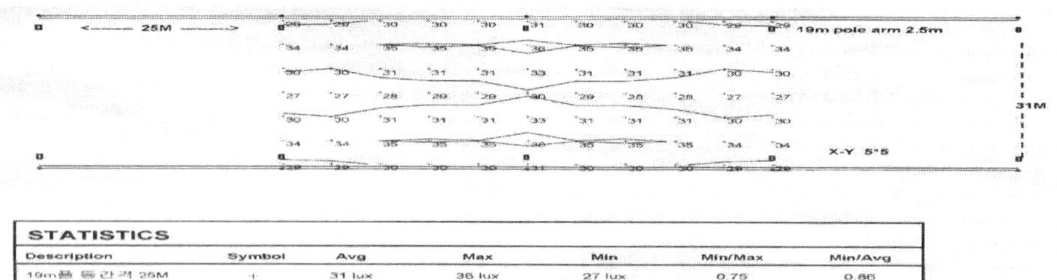

STATISTICS						
Description	Symbol	Avg	Max	Min	Min/Max	Min/Avg
19m폴 등간격 25M	+	31 lux	36 lux	27 lux	0.75	0.86

[그림 1] 40m도로에 19m 등주 마주보기 배열시(경사각도 5도)

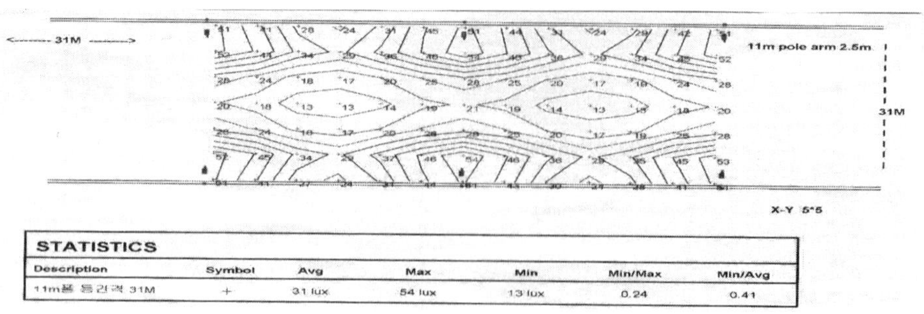

STATISTICS						
Description	Symbol	Avg	Max	Min	Min/Max	Min/Avg
11m폴 등간격 31M	+	31 lux	54 lux	13 lux	0.24	0.41

[그림 2] 40m도로에 11m 등주 마주보기 배열시(경사각도 5도)

3. 배광제어 형식

조명기구의 형식은 운전자의 눈부심을 제한하는 정도에 따라 <표 4>와 같이 구분된다. 세미컷오프형 점등 전경은 [그림 3]과 같으며, 컷오프형 점등 전경은 [그림 4]와 같다.

<표 4> 배광제어 형식에 따른 등기구 분류

구분	세미 컷 오프형 (Semi-Cut-Off)	컷 오프형 (Cut-Off)	넌 컷 오프형 (Non-Cut-Off)
특징	-컷오프형보다 광도의 제한을 다소 완화 시킨 배광으로 비교적 주변이 밝은 도로에 적용 -현재 도로조명에서 가장 많이 사용	-운전자에게 눈부심을 주지 않도록 엄격히 제한 -고속도로 등 주변이 어둡고 밝은조명이 필요한 곳에 적합 -공사비 과다	-눈부심에 대한 고려를 적게 한 배광

[그림 3] 세미컷오프형 점등전경

[그림 4] 컷오프형 점등전경

4. 등기구

등기구 종류는 [그림 5]와 같으며, 종류별 특징은 <표 5>와 같다.

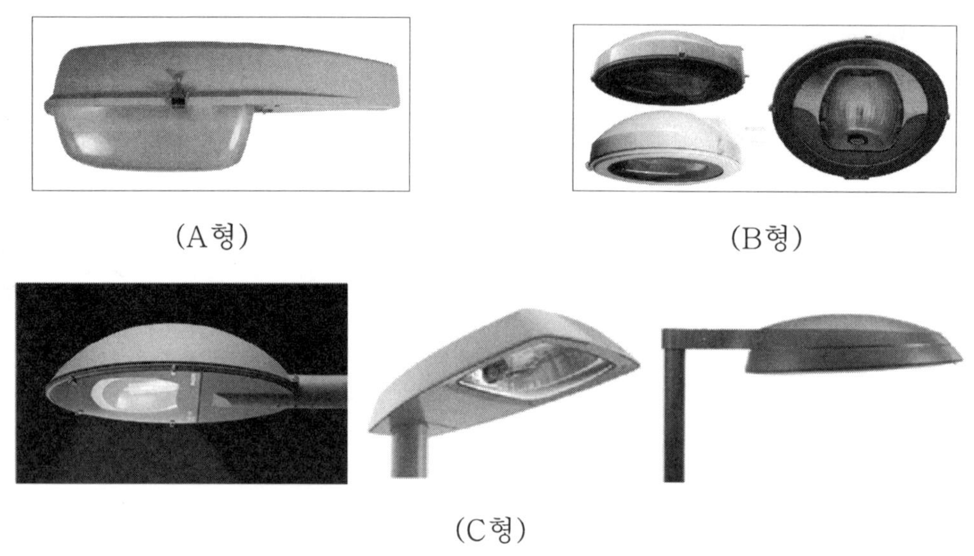

(A형) (B형)

(C형)

[그림 5] 등기구 종류

<표 5> 종류별 특징

구 분	특 징
A형 (세미컷오프형)	- 일반적으로 세종로 대형 반사판 사용, 눈부심이 다소 있음
B형 (컷오프형)	- 일체형 반사판 사용, 후사광을 억제하고 반사판 각도 조절 가능
C형 (컷오프형)	- 컷 오프형으로 눈부심을 감소시킬 수 있는 등기구

5. 광해

(1) 서론

인간의 생활공간에서 야간에는 수많은 빛이 발산되고 있다. 도시의 업무용 빌딩, 상업지구, 아파트, 버스터미널 등에서 나오는 빛과 가로등, 간판, 경관조명의 빛 등 무수한 빛이 옥외 조명기구로부터 누설되어 우리들의 생활환경이나 자연환경에 여러 가지로 좋지 않은 영향을 미치는 장해광이 발생하고 있다.

일부에서는 주택 창문을 통하여 들어오는 빛으로 인하여 거주자에게 수면 방해를 일으키기도 하며, 보행자나 차량운전자 등의 도로 이용자에 대한 눈부심 및 농작물, 가축 등의 생육에 영향을 미치기도 한다.

(2) 광해의 종류

1) 인간에의 영향

① 거주자의 영향

공원등이나 가로등의 빛이 창문을 통해 실내에 들어와 실내가 너무 밝아서 잠을 못 잔다.

② 보행자에의 영향

가로등이나 투광기 등 조명기구의 선정이나 설치가 부적절 하면 보행자에게 불쾌한 눈부심을 준다. 보행자에게 눈부심을 주는 등기구 형태는 [그림 6]과 같다.

[그림 6] 보행자눈부심 등기구

[그림 7] 차량운전자눈부심 등기구

③ 차량운행자에의 영향

도로의 조명이 운전자의 교통안전 등 시인성에 지장을 미친다. 운전자에 대한 눈부심 조절마크(G)는 아래 식으로 표시되며 G값이 4~6 이상이 되는 것이 바람직하다[KSA 3701 도로조명기준]. 차량 운전자에게 눈부심을 주는 등기구는

[그림 7]과 같으며 눈부심을 최대한 제한하는 등기구는 [그림 8]과 같다. 등주 높이와 G값의 관계는 <표 6>과 같다.

$$G = SLI + 0.97\log Lr + 4.41\log h' - 1.46\log p$$

여기서, SLI : 눈부심 고유지수(세미컷오프, NH250W 등기구: 1.7),
Lr : 평균노면휘도(cd/m^2) h′ : 조명기구설치높이−1.5(m),
p : 도로 1km당 조명기구의 수(대)

[그림 8] 운전자 눈부심 방지 등기구

<표 6> 등기구 높이와 눈부심 조절마크(G)의 관계

<table>
<tr><th>등주 높이</th><th>도로폭, 기준조도</th><th>등주 간격</th><th>G 값</th></tr>
<tr><td>8.5</td><td rowspan="5">– 30m도로 – 30 lux</td><td>24m</td><td>2.916</td></tr>
<tr><td>10</td><td>23m</td><td>3.265</td></tr>
<tr><td>11</td><td>22m</td><td>3.449</td></tr>
<tr><td>13</td><td>20m</td><td>3.749</td></tr>
<tr><td>19</td><td>15m</td><td>4.372</td></tr>
</table>

2) 동식물에의 영향

도로 조명시설인 가로등이나 보안등, 역사적 · 문화적 건축물에의 투광조명, 공원이나 광장 · 가로수의 업라이트등이 주변의 동 · 식물의 생태계에 영향을 미치고 있다.

① 식물에의 일장효과

일장(日長)이란 1일 24시간 중의 명기(明期)의 길이를 말하며 일장이 14시간 이상인 것을 장일이라 하고 일장이 12시간 이하인 것을 단일이라고 한다. 식물은 이산화탄소나 물을 원료로 하고 빛에너지를 받으면 전분을 합성하고, 산소를 배출하는 광합성을 한다. 이러한 과정에 일장이 작물의 꽃눈 분화와 그 밖의 여러 가지 식물생육에 영향을 미치는 것을 일장 효과라고 한다.

② 단일식물에의 영향

벼는 야간조도가 5Lux 이하에서는 피해가 거의 발생하지 않으나 5~10Lux 에서는 품종과 기상조건에 따라 피해가 있을 수 있고 10Lux 이상에서는 피해가 발생된다. 품종에 따라 대략 수확량이 10~21% 정도 감소된다. 깨는 단일식물의 본보기로서 13시간 이상의 일장에서는 일장이 길어질수록 개화가 늦어지다가 16시간 이상의 일장에서는 개화하지 않는다.

③ 장일식물에의 영향

맥류는 장일성 작물이기 때문에 벼, 콩 등과 같은 단일성 작물과는 달리 야간조도가 높으면 오히려 출수와 성숙이 촉진된다. 출수가 촉진되면 충분히 생육할 수 있는 기간이 짧아지기 때문에 수량이 감소된다.

④ 해충에 의한 영향

야간조명으로 인하여 유인된 벌레가 조명기구에 모이게 된다. 곤충들은 비행도중에 대부분 강한 빛에 모이게 되어 농작물의 잎이나 줄기를 먹어 버리는 식해가 된다.

⑤ 야생 동물에의 영향

야간조명은 동물, 까마귀, 물고기 등의 생태계에 영향을 미친다.

(3) 광해 대책

1) 적절한 조명기구의 선정

① 배광이 우수한 조명기구를 선정한다.
② 윗 부분으로 새는 빛이 적은 조명기구를 선정한다.
③ 눈부심을 주지 않는 조명기구를 선정한다.

2) 주변 환경을 고려한 설치

조명 목적 이외의 빛이 퍼져 나가는 것을 최대한 억제할 수 있도록 기구의 위치, 방향, 높이를 선정한다.

6. 가로등 점멸기

(1) 점멸방식별 특징

1) 수동스위치

수동식 차단기에 의한 현장 수동 점, 소등 방식을 말한다.

2) 조도식

콘트롤러를 부착하고 외부에 조도센서를 장착하여 외부의 조도 변화에 의한 자동 점, 소등 방식을 말하며, 컴퓨터 방식의 경우 일출, 일몰 시간에 따라 자동 점 소등 되므로 주간에 비, 구름 등에 의한 야외 조도 저하시 가로등이 점등 되지 않는 단점이 있지만, 조도식인 경우는 이런 단점을 보완할 수 있는 방식이다.

3) 컴퓨터식

4계절 일출 일몰 시간이 내장된 검퓨터를 부착하여 정해진 시간에 의한 자동 점, 소등 방식을 말하며, 주간에 야외 조도 저하시 점등되지 않는 단점이 있다.

4) 단방향 무선식

4계절 일출 일몰 시간이 내장이 되고, 메인장비에서 송출되는 각종 운영데이타를 수신할 수 있는 안테나를 점멸기 외부에 설치하여 자동 점·소등 된다.

① GPS방식

점멸기에 GPS 안테나를 부착하여 시간보정을 하며 점·소등 제어는 점멸기 내부 컴퓨터에서 시행한다.

② FM주파수방식

MBC FM주파수 수신 안테나를 부착하여 시간보정을 하며 점·소등 제어는 점멸기 내부 컴퓨터에서 시행한다.

③ 무선 단방향 방식

정보통신부에서 허가된 가로등 운영대의 주파수를 사용하며 통제실에서 도시 전체의 가로등을 동시에 점·소등할 수 있으며 점·소등 제어는 점멸기내부 컴퓨터와 통제실에서 시행한다.

5) 양방향 무선식

4계절 일출 일몰 시간이 내장이 되고, 무선에 의하여 자동 점, 소등 및 현장의 이상(점멸기, 등주)을 통제실에서 확인할 수 있는 시스템이다.

① CDMA 양방향식

SKT, LGT 등 이동통신회사 모뎀을 이용하여 통신하는 방식을 말한다.

② 무선 양방향 방식

무선 단방향의 메인장비를 점멸기내에 부착하여 현장의 점멸기 및 등주의 이상시 통제실에서 데이터를 수신하는 방식을 말한다.

③ CDMA + 무선 방식

기존의 무선 단방향으로 제어하고 CDMA방식으로 현장의 점멸기 및 등주의 이상시 통제실에서 데이터를 수신하는 방식을 말한다.

6) 유선 전용선에 의한 방식

점멸기와 통제실간 유선 통신 케이블을 설치하여 현장의 점멸기 및 등주의 이상시 통제실에서 데이터를 수신하는 방식을 말한다.

(2) 가로등 제어 시스템의 발전추이

가로등 제어 시스템의 발전 추이를 살펴보면 <표 7>와 같다.

<표 7> 가로등 제어 시스템의 발전추이

구분	'70년대 이전	'70년대	'80년대	'90년대	'00년대 이후
운영 방식	수동 (90%)	–	–	–	–
	조도식(10%)	조도식(60%)	조도식(30%)	조도식(10%)	조도식(10%)
	–	컴퓨터(40%)	컴퓨터(60%)	컴퓨터(40%)	컴퓨터(30%)
	–	–	무선식(10%)	무선식(40%)	무선식(40%)
	–	–	–	양방향(10%)	양방향(20%)

※ 1983. 2 북한군 이웅평 대위 귀순 이후 가로등을 일괄 점·소등 필요성이 있어 단방향 무선식 도입

※ 2001. 7 수도권 집중 호우시 21명의 가로등 감전사고 이후 가로등의 효율적인 감시 필요성이 대두되어 양방향 무선식 도입

(3) 점멸방식별 장단점 비교

점멸 방식별 장단점은 <표 8>과 같다.

<표 8> 점멸방식 비교

구분	컴퓨터 방식	무선식(단방향)	무선식(양방향)
주요 기능	-일광추적기능 타이머 내장 -일출,일몰시간 변화에 따라 가로등을 자동 점 · 소등	-전용송신소(주장치)의 무선신호에 의해 점 · 소등 -가로등 점 · 소등용의 전용주파수 -정통부 허가주파수중 (140~160MHz)지정 사용 -전파법에 의한 무선국 허가	-단방향의 기능에 가로등 점멸기 상태에 대한 정보를 운영자에게 제공하는 송신 기능을 부가 -가로등 점등 여부 및 점 · 소등 시간, 동작상태 제공
장점	-설치비가 가장 저렴 -단순 시스템으로 고장 적음 -가로등 수량이 적은 중 · 소도시에 적합 -무선방식에 비해 외부 영향 적음	-일괄제어 가능하고 점검시간이 무선송신기로 국부제어 용이 -전파장애시 타이머나 컴퓨터 방식으로 자동 절체 -대도시에 유리한 시스템	-램프 등에 대한 소명자료 관리가 가능하여 유지 관리 계획 수립용이 -이상 소등된 경우 기록에 의한 원인파악 가능 -현장확인없이 이상상태 파악이 가능하여 인력절감
단점	-가로등 전체에 대한 일괄 제어 불가 -점멸기별 점 · 소등 시간차 발생 -제어장치의 주기적인 확인(시간) 필요	-무선전파의 외부영향으로 동작 하지 않을 수 있음 -무선국허가 등의 조치 필요	-가격이 가장 고가

Ⅳ. 경관조명 적용 사례

1. 국내경관조명 적용사례

우리나라의 경우 1960년대부터 1990년대까지 경제성장을 우선하는 정책으로 인해 경관조명의 인식이 매우 부족하여 국내의 야간조명은 전반적으로 어둡고, 경관을 위한 조명이라기보다는 치안과 상술, 교통의 기능을 위한 조명으로 발전되어 왔다. 최근에는 2000년 ASEM행사, 2001년 한국방문의 해, 2002년 월드컵경기 등 국제적인 행사를 계기로 전국의 지방자치단체에서는 도시 이미지 및 위상 제고를 위해 야간경관조명을 적극 개선, 계획하고 있다.

(1) 서울시의 경관조명 추진현황

서울은 자연경관과 600년의 역사문화재 등이 도시건물 조명과 함께 어우러져 활기찬 도시야경이 연출되고 있다. 숭례문, 동대문, 광화문 등 문화재와 세종문화회관, 성수대교, 한강교량 등의 도시 구조물 및 공공시설에 경관조명이 설치되면서, 야간경관 조명에 대한 관심도가 높아지고 있다. 특히, 민간부분의 기업사옥을 비롯하여, 회사의 이미지와 홍보차원에서 야경조명을 설치하는 사례가 증가하면서 서울 도시 야경이 한층 활기를 띄고 있다.

서울시는 2000년 12월에 야간 연출기본계획을 수립했으며 앞으로 경관 조명의 활성화를 위한 사업을 지속적으로 추진하면서 이를 위한 규제와 지침 등의 행정문제도 동시에 추진하고 있다.

서울시에서는 야간경관활성화를 위해 다음과 같은 사업을 추진중이다.

1) 공공부문

서울의 어두운 도시경관을 계획적인 조명으로 서울의 자연환경과 역사 문화재, 시설물 등이 조명과 어우러져 아름답고 역동적인 야경을 연출함으로써 시민과 방문객에게 시각적 볼거리를 제공하여 서울의 친근감을 높이고 애착심을 갖도록 하며, 국제적 행사에 대비, 도시의 위상을 제고하고 관광효과를 높이고자 여러 가지 정책을 도입, 시행하고 있다. 적용 사례로는 세종문화회관 및 월드컵 경기장을 비롯 남대문과 동대문, 독립문, 동십자각, 서울역역사, 원구단 등의 문화재, 그리고 신 행주대교와 성수대교, 동호대교, 원효대교 등의 한강 교량에 이르기까지 다양한 편이다.

숭례문 흥인지문 세종문화회관

경회루

서울시청

서울타워

광화문

국회의사당

[그림 9] 서울시 공공부문 야간경관

2) 교량부문

서울시는 한강대교에 올림픽을 축하하는 의미로 올림픽 대교를 이용하는 국내외 여행객에게 국제올림픽의 상징으로 평화, 희망, 기쁨을 나타내는 날개 펼친 갈매기 모양의 경관조명을 설계하였다. 이것이 성수대교에 이어 서울시 한강교량의 첫 교량경관조명이다. 2002년 한.일 월드컵경기 이후 도시개선사업의 일환으로 추진되었던 한강 교량 야간경관조명 설치작업은 2002년 5월말로 완료되었고 이들 중 가장 최근에 작업을 마친 동호대교, 동작대교, 성산대교, 원효대교의 경관조명에는 다양한 컨셉이 담겨있다.

트러스아치가 설치된 동작대교는 하늘과 구름다리를 주제로 행복한 미래를 표현했다. 교각 하단부에 비치는 실루엣 조명이 아름다운 성산대교는 월드컵의 환희를 표현했고 전문가들이 한강다리 중 가장 경관조명이 잘 되었다고 평하는 원효대교는 V형교각의 역동성을 한껏 살려 남성적인 기상을 표현했다. 원효대교가 남성적이라면 가양대교는 여성적이고 우아하다. 가양대교는 핑크와 보라색을 혼합한 듯한 은은한 색의 필터를 이용해 조명을 자아낸다. 한강다리 중 드물게 단색인데다 붉은 계통이어서 밤하늘에 뚜렷한 인상을 남기고 있다. 영종도 신 공항으로 통하는 방화대교는 한강수면을 활주로로, 트러스를 비행기 몸체로 한 작품이다.

2001년 다리로서는 유일하게 서울시 건축상 동상을 받았으며. 2002년 7월에는 북미조명협회 해외경관조명부분 디자인상을 받았다. 가양대교 역시 2002년 서울시 건축상 금상을 받았다.

가양대교

방화대교

올림픽대교

[그림 10] 서울시 교량부문 야간경관

(2) 부산광역시

부산시는 야간경관조명 사업의 바탕을 마련하기 위해 3억여원의 예산을 들여 야간 경관조성을 위한 전반적인 상태, 즉 도시의 환경이나 주변여건 등에 대한 조사용역에 들어갔으며, 아시아 단편영화제등 굵직한 국제적 행사 개최를 앞두고 부산의 밤거리를 새롭게 단장할 필요성이 더욱 증가하고 있다.

특히 2003년 1월과 11월 광안대교 및 구포대교에 각각 교량 경관조명을 설치함으로써 관광명소화 사업을 추진하고 있으며, 특화거리 조성사업의 일환으로 야간조명시설물 확충에 관심을 기울이고 있다.

구포대교

광안대교

부산대교

용두산공원

[그림 11] 부산시 야간경관

(3) 인천광역시

인천국제공항 개항과 함께 국제비즈니스의 허브이자 동북아 중심도시로 발돋움 한다는 계획과는 달리 야간경관부문에서 크게 뒤떨어진다는 지적을 받기도 한 인천시는 영종대교, 영흥대교, 초지대교 등에 야간경관조명을 실시하고 있다. 2000년 11월 완공된 영종대교의 경우, 현재 계절에 따라 다양한 컨셉으로 빛을 발하고 있으며, 주말과 국경일 및 명절에 화려한 조명의 향연으로 도시환경에 대한 지역민의 긍지와 자부심, 시각적 즐거움을 제공하고 있다.

영흥대교의 경우, 2002년말 경관조명이 설치되었으며, 초지대교는 2003년10월에 공사가 마무리되었다. 영흥대교는 옹진군에서, 초지대교는 강화군에서 각각 관리하고 있다.

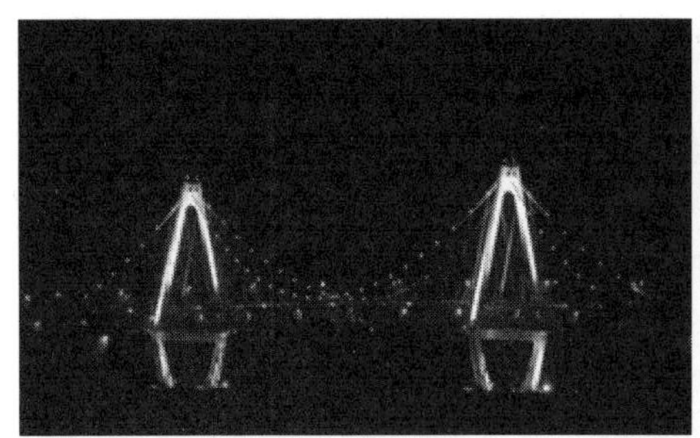

영종대교

초지대교

영흥대교

[그림 12] 인천시 야간경관

(4) 광주광역시

광주는 '빛고을(光州)'이라는 이름에 걸맞게 최근 상무신도심의 상징적 건물인 시청과 김대중 컨벤션센터 등 공공건물 11곳과 어등대교, 유천교 등 교량 3곳 등 20곳에 이어 추가로 27곳에서 같은 사업을 추진 중이다. 상무신도심의 경우 시청 건물을 비롯한 건물에 외부 조명이 비춰지면서 도시 분위기가 한층 활기차며, 야간경관을 조성하기 위해 종합 기본계획을 수립하고 무지개다리 조명 연출 사업 등을 조성하여 야간의 환경을 쾌적하게 개선함으로써 시민들에게 좋은 반응을 얻고 있다.

또한, 현재 추진중인 오월루 및 광주역 광장 등에 야간경관이 조성되면 시민들에게 볼거리 제공과 외지인 방문시 친근한 이미지를 제공할 것으로 기대하고 있으며, 2010년까지 기본연구용역에서 제시된 21개 사업들을 단계별로 추진하여 빛과 첨단산업 및 문화예술이 어우러지는 아름다운 야간경관을 조성할 계획을 가지고 있다.

어등대교(위), 유천교(아래)　　　광주시청사

[그림 13] 광주시 야간경관

(5) 수원시

수원시는 화성 성곽을 위주로 하는 야간조명 연출사업(총 사업비 70억원 정도)이 진행 중에 있으며, 야간 활성화 차원의 4대문 일대 개발 사업을 추진하고 있다. 축제 행사와 연계하는 야간 프로그램도 운영(빛과 소리, 정조행렬, 갈비축제 등)중이다.

수원성　　　화홍문

창녕문

방화수류정

[그림 14] 수원시 야간경관

(6) 기타 주요도시

1) 진주시 : 유구한 역사와 전통의 진주 21세기의 새로운 모습 부각.

2) 대전시 : 5개 구청 별로 400W급 고조도 가로등을 공원 등에 설치하여 시의 야경을 살리고 어두운 도시 이미지를 개선함.

3) 안동시 : 안동시로 진입하는 영호대교 첫머리의 영호루에 야간조명 설치. (안동시가 1999년 안동 국제 탈춤 페스티벌 개최에 맞춰 관광객들 에게 지역 명소를 알리기 위해 설치)

4) 남원시 : 광한루 앞 승월교에 화려한 부수터널과 야간조명 설치. 가로시설물 설치를 통해 도심상권 활성화 및 지역경제에 기여.

5) 여수시 : 2010년 세계박람회를 앞두고 아름다운 국제 해양 도시로의 대전환을 위해 돌산대교, 진남관 오동도 등에 경관조명을 설치.

6) 서귀포시 : 제주도 서귀포시 중문관광단지 인근 천제연 폭포 일대를 레이저 스크린 등을 갖춘 관광지로 개발. 각 폭포에 조명시설을 설치, 야간에도 관광객들이 즐길 수 있도록 함.

진주시 천수교

진주성

남원시 승월교

남해 삼천포대교

여수시 돌산대교

[그림 15] 기타도시 야간경관

(7) 화성동탄지구 근린공원

1) 제2호근린공원

① 주변의 단독주택단지를 고려하여 보안과 안정성 확보.

② 부드럽고 휘도가 낮은 조명기구 선택.

③ 중앙광장은 미관을 고려하여 낮은 높이의 조명기구로 디자인 선택

[그림 16] 제2호 근린공원

[그림 17] 제3호 근린공원

2) 제3호근린공원

① 해와 달 태양계, 밤하늘의 은하수의 이미지를 표현.

② 공공시설물을 고려한 밝은 조명 계획.

③ 산책로는 리듬감 있는 조명 연출.

3) 제5호근린공원

① 디지털 조명으로 연출되는 공원 조성.

(디지털 요소가 가미된 반응하는 조명)

② 빛을 체험하고 즐길 수 있는 공간으로 연출.

4) 제6호근린공원

① 기념이 되는 조형물과 벽화 등을 중심으로 조명 연출.

② GATE IMAGE의 시설물을 빛의 GATE로서 연출

5) 제7호근린공원

① 운동시설과 공공시설의 야간 활용을 위한 밝은조도 계획.

② 상징적인 시설물을 부각시킬 수 있는 강조 조명 연출.

[그림 18] 제5호 근린공원

[그림 19] 제6호 근린공원

[그림 20] 제7호 근린공원

(8) 용인동백지구 근린공원

1) 7-1호 근린공원

친수공간이 있는 산책로의 편안함을 주고 식생에 최소한의 영향을 주는 광원을 사용하여 은은한 분위기 연출하고, 목재데크 바닥면에 Blue LED 점조명을 연출하여 안전성을 확보하며 신선한 감성 유발

2) 7-2호 근린공원

수면의 Out Line을 부각시켜 안정성을 확보하고 바닥에 패턴조명 등 볼거리를 빛으로 연출함으로서 흥미롭고 다채로운 야간생활공간 제공

3) 7-3호 근린공원

친수공간이 있는 산책로의 편안함을 주고 식생에 최소한의 영향을 주는 광원을 사용하여 은은한 분위기 연출

4) 7-4호 근린공원

친수공간이 있는 산책로의 편안함을 주고 식생에 최소한의 영향을 주는 광원을 사용하여 은은한 분위기 연출

[그림 21] 용인동백지구 호수공원 야경

2. 국외 경관조명 적용사례

(1) 일본

1) 빛에 대한 개념 및 야간경관연출 목적

일본인은 예전에는 빛에 대해서 흰색에서 흑색까지의 그라데이션을 선호했다. 근년에 와서 일본인들의 빛에 대한 개념을 크게 변화시킨 원인은 전쟁이었다. 大正(대정)시대에 가로등이 수입된 이래 문명과 함께 한 빛의 영향은 지대했으며 전쟁 중의 적기 공습에 대비한 등화관제라는 문제 때문에 전시가지의 어둠을 경험하고 패전 후 일본은 지구상에서 가장 밝은 국가로 변모했다. 그 후 무질서한 야경을 정비하고 새로운 빛 환경을 자연에 조화되는 야간경관 조명계획으로 만드는 것이 현재부터의 과제라고 생각하고 있으며, 야간경관조명의 목적은 자치단체의 이미지 개선, 관광진흥, 지역 활성화, 도시경관 형성 등이다.

2) 주요도시별 사례

① 오사카

도심의 야간경관에 대해 지구별로 특징을 살려서 야경투어 프로그램을 제작 및 홍보하고 있으며 각 지구별 야경과 더불어 랜드마크가 될 수 있는 교량, 각종 야경 축제를 함께하여 야간경관 대상물과 연계하는 프로그램을 제시하였다.

중앙공회당 천보산대교

[그림 22] 오사카 경관조명

벚꽃축제

하나란만축제

수이토축제

[그림 23] 오사카 야간축제

② 오사카 야경 축제

각 지구별 야간경관 대상과 함께 한시적 이벤트를 개최하여 야경을 축제화 시키고 있으며, 역사적 건축물 주변의 벚꽃 축제, 수변의 불꽃 축제 등 다양한 축제를 기획하여 관광객들이 야경을 더 적극적으로 체험할 수 있도록 하였다.

③ 요코하마

요코하마시는 도시환경조명에 관한 기본계획이 수립되어 조명계획을 전체 도시계획 및 경관계획 등과 연계시키고 있으며 빛 관련 이벤트를 연중행사에 넣어 실시하고 있고 1989년 완성된 [요코하마 베이브리지]가 조명점등 되어 젊은이들의 데이트 관광명소로 각광받게 되었으며, 특이한 점은 공공적인 필요에 의해 조명을 하는 경우 시설비 및 전기료의 약 80%를 시와 공공단체 및 전력회사에서 분담하고 있다. 요코하마시에는 [야경연출 사업추진협의회]와 사무국을 별도로 설치하여 운영하고 있다.

요코하마시 야경

팬퍼시픽 호텔

항만청 관리공사

베이 브릿지

[그림 24] 요코하마 경관조명

④ 교토

봄, 가을에 한시적으로 각 사찰마다 야경투어 프로그램을 실시하고 있다. 10월부터 연말까지 일몰 ~ 밤10시에 한시적인 빛의 거리 행사를 기획하고 있으며, 사찰 조합에서 JR(일본철도)과 연계하여 야경체험 이벤트를 운영하며 사찰 내부도 체험하도록 개방하고 있다.

고대사

야자카 신사

원덕원

[그림 25] 교토시내 사찰야경

⑤ 고베 루미나리에

1995년도부터 매년 겨울 루미나리에 축제를 정기적으로 개최하고 있다. 2005년도는 12월9일부터 22일까지 진행하고 있으며 좁은 가로를 따라 빛의 구조물을 설치하여 보행자들이 체험할 수 있도록 하고 있다. 저녁 5시 30분경부터 10시 30분경까지 점등하며 루미나리에와 더불어 전시장 근처 볼거리와 먹을거리를 함께 연계하는 홍보 브로셔를 제작하여 관광객의 참여도를 높이고 있다.

[그림 26] 고베 누미나리에 야경

⑥ 나고야

나고야시는 시의 상징인 나고야 성을 비롯, 시청사 및 시의회, 항만관리청사 등 많은 공공시설물에 경관조명을 하였으며, 특정 가로구간에도 가로등 조명디자인을 반영하여 밝고 아름다운 거리를 연출하고 있다. 시내 중심에 있는 TV 방송탑에도 조명이 되어 있다. 밤 11시 정도면 공공시설물의 조명은 거의 꺼지고 일반 민간부문의 상업시설 등에는 민간자율로 밤새도록 조명을 하기도 한다.

항만관리청사 카수르 호텔

방송 타워 나고야성 누각

[그림 27] 나고야 경관조명

(2) 중국 상하이

상하이는 중국내에서는 최대의 상공업, 경제의 중심지로 현재 홍콩에 있는 외국 투자업체들을 이전 유치하고자 당과 시에서 외국자본을 끌어들여 푸동 특구를 집중 개발하고 있다. 특구의 야경은 뉴욕의 맨하튼, 홍콩, 싱가폴 등의 수준으로 1850년대 개항 당시의 유럽풍 고건축물로부터 최근의 초현대식 건물에 이르기까지 많은 건축물에 경관조명을 설치했다. 동양 최고 높이의 상하이 방송타워(468m)는 조형미도 뛰어나서 시의상징으로 랜드마크 역할을 하고 있다.

푸동 신개발지구

황포 강변 교량

공공 청사

증산로변 고건축물

[그림 28] 중국상하이 경관조명

(3) 프랑스

1) 파리

루이 14세 시대(17세기 후반)에 큰길에 접한 창에 치안목적으로 등을 밝히도록 한 이래 1918년 스트라스브루대사원 조명을 시작으로, 1928년 에트와르 광장의 개선문을 조명하면서 1930년대에는 교회, 시청사, 성곽 등 500여 개소의 역사적 건조물에 조명을 하고 있으며, 이중 파리에는 120개소에 약 1만대의 투광기를 사용하여 조명하고 있으며, 국경일, 축제일, 외국 국빈방문시, 국제회의 개최시에는 조명시간을 연장하여 도시 이미지 제고와 적극적인 관광상품으로 연계 활용하고 있다.

초창기에는 전력 회사와 전구 회사가 적극적으로 지방 도시를 순회하면서 도시조명에 대한 홍보캠페인을 벌였다. 한 예로 노틀담사원 근처의 한 유명한 레스토랑은 매일밤 조명 시간을 연장신청 하며 전기료를 내고 있으나 노틀담 사원의 야경이 영업에 도움이 되고, 일반시민이나 관광객들로부터 좋은 반응을 얻고 있어

매출 증가로 인해 오히려 전기요금이 훨씬 싸게 먹히고 있는 실정이다.

최근에는 새천년 밀레니엄 조명계획으로 수많은 경비를 지출하면서 에펠탑, 세느강변 등에 축제, 이벤트 조명을 설치하여 세계적 관광 상품으로 호평을 받고 있다.

개선문

에펠탑

파리야경

루브르 피라미드

라데팡스 그랑아슈

오페라극장

노트르담 사원

[그림 29] 파리 주요시설물 야경

2) 리용

프랑스의 제 2의 도시 리용은 1989년에 당선된 '미셸놔르'민선시장이 [아름다운 밤의 도시]를 목표로 5년간 150개의 건물, 교량, 공원 등에 조명시설을 설치하여 국제적인 관광도시로 탈바꿈 하였으며, 축적된 기술을 전세계로 수출하여 외화 획득에도 일조하고 있다.

리용시는 도시계획국에 전담부서를 설치하고 매년 시투자예산의 약 1.5% (4천만프랑-70억)을 투자하여 90여개의 공공건물을 조명하고 있으며, 현재도 매년 약 7억원을 지속적으로 재투자 하고 있다.

1989년 리용 지역계획협회의 도시계획책임자인 HENRY DHABERT는 새로운 프로그램을 시작하게 되었는데, 사회재건계획으로서 조명계획에 관한 논의로서 매년 12월 8일 리용에서 열리는 빛의 축제와 연관, 축제기간 동안 사람들이 조명에 밝혀진 도시를 거닐고 거리에서 열리는 다양한 문화 이벤트를 즐기게 한다. 이벤트 계획과 관련해 추진된 도시조명계획은 리용의 아이덴터티를 부각시키는데 큰 도움을 주었다.

리용재판소워터프론트

리용시 야경

바또올리 분수

리퍼블릭 광장

[그림 30] 리용 경관조명

(4) 영국 런던

1) 야경연출 사업개요

런던의 도시 조명은 1930년부터 시작되어 1970년대에 들어서부터 새로운 도시조명이 계획되고 시공되었다. 런던의 도시 조명은 현재 가장 새롭고 뛰어난 야간 경관을 창출함.

런던조명의 핵심은 테임즈강의 야경연출계획(Light Up Thames)으로 서쪽의 알버트 브릿지에서부터 동쪽의 타워브리지까지 8Km 구간을 사업범위로 계획되어 테임즈강을 중심으로 보다 많은 관광객을 유입하기 위한 시당국의 고민으로부터 시작됨.

2) 야경연출 특징

런던 야경연출 계획의 특징은 테임즈 강변을 따라 세계에서 가장 아름답다는 런던 다리들과 강변 사이드에 늘어선 여러 양식의 건축물을 통해 도시의 발달사를 볼 수 있다. 암록색의 테임즈 강물 위에 아름답게 드리워진 런던의 다리들의 투영과 역사의 흐름을 잘 부각시킨 런던의 도시야경 계획은 세계 여러 도시에 큰 영향을 주었으며 좋은 사례로 조사되고 있다.

런던의 도시 조명은 1930년대부터 시작되었다. 모뉴먼트라든지 궁전, 그 밖의 역사적 건물을 비춘다고 하는 것은 파리와 같지만 박물관, 도서관과 같은 시민과 친근한 곳에 야간 조명을 실시하여 거리를 밝게 한다고 하는 것은 런던 도시 조명의 특색이라고 할 수 있다.

빅벤

템즈강

타워브릿지

로이드 빌딩

런던아이

[그림 31] 영국 런던 경관조명

(5) 미국

아리조나주의 피닉스시는 도심조합과 민관협조 체제로 114억을 투자하여 각종 가로시설물 설치 및 도심상권을 활성화하여 지역경제에 기여하고 있고, 캘리포니아주의 웨스트 헐리우드시는 도로변 도시계획의 일부인 가로등 신설 계획을 전기회사와 민관협조 방식으로 하는데 기초공사와 전기료는 시 부담, 그리고 가로등의 소유권, 공사비, 관리 및 운영권은 전기회사에 있다.

메릴랜드주의 볼티모어시는 공공지역(공원, 광장 등)과 건물의 야간경관 개선사업(5개년계획)을 민관협조로 시행하며 시와 가스, 전기회사, 도심번영회, 건물주 및 관리자 협회 등의 협조체제로 운영되고 있다.

라스베거스 볼케이쇼

라스베거스 야경

시애틀 야경　　　　　　　　　뉴욕 맨하튼

[그림 32] 미국 도시 야경

(6) **체코 프라하**

빛이 풍부한 밝은 인상의 거리라고는 할 수 없지만, 고압 나트륨 램프의 빛이 따뜻한 인상을 만들어 내고 있다. 역사 조형물이 많은 광장 주위에는 규칙적으로 세워진 유리 글로브 폴 등의 따뜻한 빛이 건축물의 벽면을 물들이고, 높이 80m의 틴성당탑이 투광되어 밤의 랜드마크로서 밤하늘에 떠 있는 듯 보인다. 조명기구보다는 필요한 곳에 빛을 주는 배려로 풍토를 사린 독특한 빛과 그림자의 야경이 만들어지고 있다.

벨베트레 궁전　　　　　　상: 프라하성　　하: 틴성단

[그림 33] **체코 프라하 경관조명**

V. 경관조명의 시대적 흐름과 발전방향

1. 경관조명의 시대적 특성

(1) 1980년대 이전

1980년대 이전에는 경관디자인의 개념보다 보안등의 개념으로 주로가로등을 이용하여 멀리서 오브젝트를 비추는 형식을 사용하였다.

우리나라 최초의 조명은 1887년 명성황후가 거처하던 경복궁의 후원인 건청궁 뜰 앞에서 전등이 밝혀졌고, 이후 1900년 4월 10일 한성전기회사가 종로네거리에 최초의 전기 가로등 3개를 설치하였다.

1970년 오일쇼크로 인하여 1980년대 후반까지 7~9lux정도 밖에 안 되는 가로등을 설치하였다. 1982년 1월 5일 야간통행금지 해제에 따라 치안차원에서 야간조명 필요성이 대두되기 시작하며 이때가 경관조명의 시작이라 할 수 있다.

[그림 34] 경복궁 후원 건천궁 '건달불' 조명모습

(2) 1980년대

1980년대 후반에는 아시안게임, 올림픽 행사에 맞춰 정부 주도 하에 국보 1호인 숭례문에 투광조명과 한강대교에 올림픽기념의 아치조명을 설치하고, 어두운 가로등을 개선하기 위해 간선도로의 조도를 20룩스로 올리고 92년도부터는 30룩스로 조정 운영하기 시작하면서 경관조명이라는 말과 개념이 조금씩 자리잡으려는 시기이다. 이 시기에 도시의 야간경관은 네온사인에 의해 만들어지기 시작했다.

네온조명은 건물을 부각시키는 조명으로서의 역할보다 간판조명으로서 시작한다. 백화점과 상가조명과 야간 문화의 발달을 통한 조명의 활성화가 이루어진다. 그러나 아직 경관조명을 '광공해다'와 '사치스럽다'라는 인식이 팽배해 있었다.

[그림 35] 숭례문

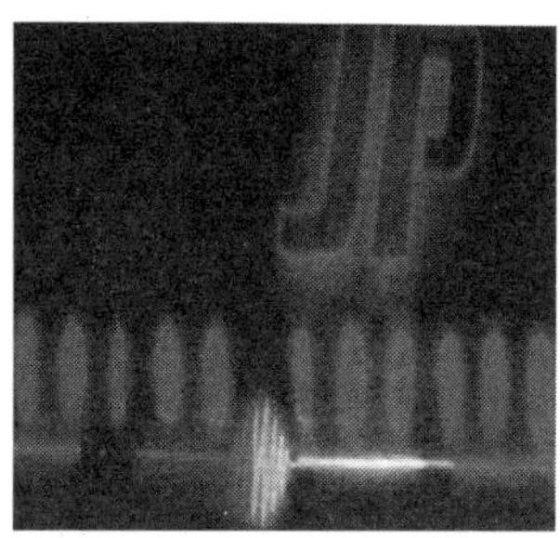

[그림 36] 간판 조명

(3) 1990년대

1993년 대전엑스포를 계기로 한빛탑 경관조명을 시작으로 다시 한번 중요성에 대한 인식을 심는 계기가 되었다. 1990년대 후반에는 야간경관개선 사업종합계획의 수립과 함께 야간경관이 본격화되기 시작한 시기이다. 주거공간의 조명은 메탈할라이드나 나트륨 램프을 이용한 상부조명과 가로등을 이용하여 도보를 비춰주는 형식이 주를 이룬다. 또한 광섬유의 등장으로 대중화 되지는 않았지만, 광섬유 및 무전극등과 같이 더 나은 제품을 개발하고자 하는 움직임들이 있었다.

[그림 37] 한빛탑

[그림 38] 광섬유

(4) 2000년대 초반

야간경관조명은 2000년대 들어 다양한 조명기구 및 LED의 개발과 설치 노하우의 발전으로 기능성에 심미적인 요소까지 가미되면서 도시의 새로운 볼거리로 떠오르고 있다. 심리적 안정과 쾌적성은 물론 주변 경관과 어울리는 총체적인 환경 연출이 야간경관조명의 기본·컨셉으로 자리잡기 시작하였다. 2002년 월드컵을 계기로 서울시의 교량과 건물의 야간경관과 청계천 복원과 함께 야간경관의 명물로, 서울의 숲을 통해 경관조명이 시민들의 밤 생활에 활력을 주고 도시의 야간경관을 새롭게 하며 관광자원으로 활용되고 있다는 점에서 매우 큰 의미를 가지고 있다.

[그림 39] LED 조명

(5) 현재

2007년 지금은 이전보다 조명기구와 연출이 다양해지고, 그 흐름은 더욱 빨라지고 있다. 건축물 속 조명, 조경 속 조명이 아닌 건축물과 조명, 조경과 조명으로 그 영역이 넓어지고, 특히 야간의 랜드마크적인 역할을 톡톡히 하고 있다. 이제는 에코 디자인, 인간의 감성을 자극하는 감성조명에서 앞으로는 인간과 교류하는 조명으로 그 영역이 넓어질 것이다. 이제는 공간에 어울리는 빛의 디자인뿐만 아니라 시민들이 참여하고 공감하는 빛, 동(動)적인 빛을 통해 사람과의 소통과 조명의 독립적 요소로 예술이라는 이름으로 어우러져 있고, 그러한 움직임들은 커져가는 추세이다.

[그림 40] 청계천 경관조명

[그림 41] 동백지구 육교

2. 경관조명의 발전방향

(1) 문화 산업적 측면

① 1980년대 이전

지난 30~40년간 우리나라에서의 디자인은 200년에 걸친 서구 근대화 과정을 30년에 압축시켜 받아들였다. 서구 근대화를 따라잡기 위해 산업적인 측면에서만 정책들을 시행함으로써 디자인에 대한 왜곡된 시각이 확산되었다. 그 결과, 디자인은 수출산업의 주요 요소로 인식되었고, '디자인은 곧 포장'이라는 협소한 개념의 디자인 개념이 널리 퍼지게 된 것이다. 이로써 디자인은 그 자체로서 인식되기 보다는 상품 포장의 기능적 가치로만 인정받았고 수출 산업과 고성장을 위한 하나의 도구였을 뿐 그 이상은 아니었다.

② 1980~1990년대

이 시기에는 포장에서 광고로 넘어오면서도 디자인은 여전히 산업적인 관점에서 이해된다. 디자인은 기계화, 상업화, 문명화의 척도에 있었던 셈이다.

③ 2000년대

21세기 디자인은 시각적인 조형물만을 만들어 내는 것에서 벗어나 보다 더 폭

넓은 디자인 행위로 나아가고 있다. 오늘날 디자인은 조형적 의미에서 벗어나 창작이나 발상을 뜻하는 단계에 이르고 있다.

이제 디자인은 경직된 틀에서 벗어나, 경험의 창출, 가치 중심, 감동 디자인, 감성 디자인을 키워드로 새로운 패러다임을 전개하고 있다.

표준화 단계에서 특성화단계로 진화하고, 대량생산에서 대량주문으로, 기성품에서 주문품으로, 이익중심이 아니라 가치중심으로 나아가며 만족을 넘어 감동을 지향한다.

(2) 기술적 측면

① 1960년대 상점가를 중심으로 네온이 설치되기 시작

② 1990년대 초반 광섬유 조명 도입

③ 1990년대 후반 태양광을 이용한 조명개발 보급

④ 1999년 다양한 색의 변화와 디밍이 가능한 콜드캐소드 개발

⑤ 2000년 무전극 램프 국내개발

⑥ 2000년대 초반 LED 개발

[그림 42] 네온

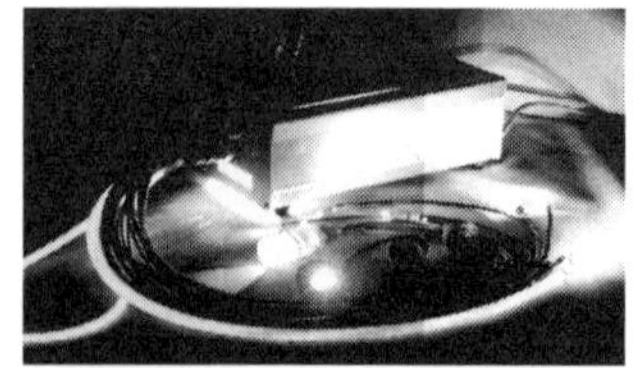

[그림 43] 광섬유

[그림 44] 태양전지

[그림 45] 콜드캐소드

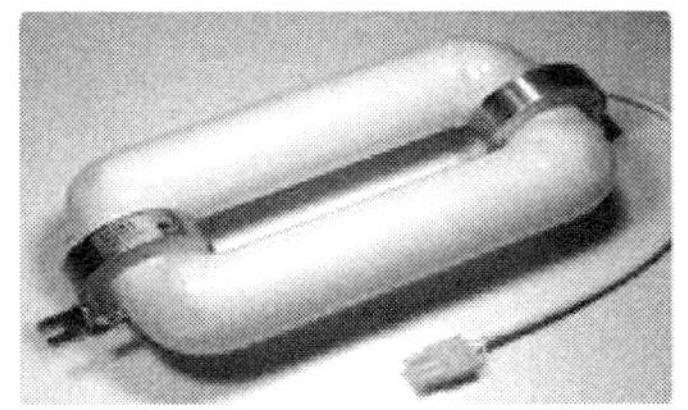

[그림 46] 무전극

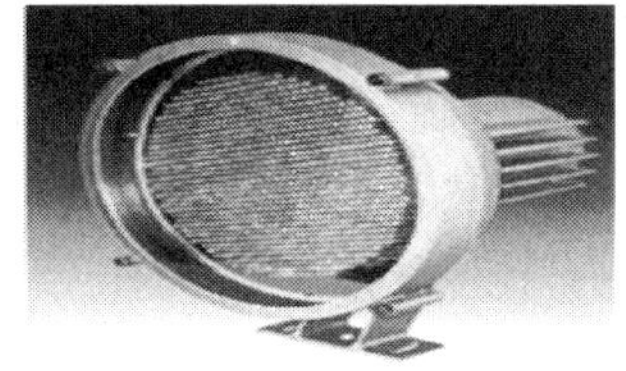

[그림 47] LED

(3) 디자인적 측면

1980년대 네온을 이용한 line 조명 및 간판 조명에서, 1990년대는 투광기를 이용한 조명으로 2000년대 LED개발로 투광조명과 line조명을 조합한 방식으로 다양한 색상 연출의 장점을 이용하여 조형물 등을 살려주는 조명에서 앞으로는 다양한 설치예술을 통한 예술적 조명 형식으로 인간의 감성을 자극하고 교류하는 감성조명으로 발전되어가는 추세이다.

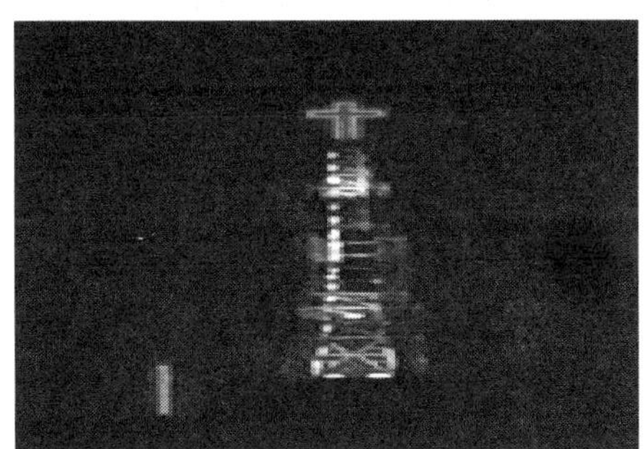

[그림 48] line 조명

[그림 49] 투광조명

[그림 50] LED 조명

[그림 51] 루미나리에

[그림 52] LED조명 조형물

Ⅵ. 맺음말

경관조명이란 야간에 그 도시에 거주하는 사람, 도로를 운행하거나 걸어가는 사람, 도시의 한 부분을 바라보는 사람들에게 도시를 아름답게 보이도록 하고, 도시를 밝게 볼 수 있도록 하며 도로, 광장, 공원 등에 빛을 이용하여 아름다운 도시를 조성하는 것이라 할 수 있다.

또한 도시를 이용하는 사람들이 다양화, 고급화되면서 이용 시간대의 증가와 라이프스타일이 변화됨에 따라 주간뿐만 아니라 야간의 쾌적성의 중요성이 제기되고 있어 경관조명이라는 새로운 분야가 관심의 대상이 되고 있다.

이에 따라 야간도시환경의 질적인 향상과 쾌적한 환경을 제공하기 위한 경관조명을 해당지역의 특성에 맞게 수립·적용함으로써 계획도시의 경쟁력 확보와 차별화를 추구함이 바람직하다.

4장 조명계산과 측정

1. 조도 계산

네 명의 가수에 의한 소리의 크기는 한 명의 가수에 의한 소리 크기의 네 배가 되지 않는다. 소리의 인식은 대수적(logarithmic)인 과정이며, 웨버-페크너의 법칙에 따른다. 소리가 명백하게 들리는 수준 이상에서는 소리의 질이 양보다 더 중요하다. 예를 들어, 연설을 듣는 경우에 울림, 강조되는 위치, 필요 이상의 잔향, 간섭 잡음 등이 없는 실내의 조건이 필요하다.

조명에도 비슷한 요인이 적용된다. 작업에 필요한 300 내지 400 [lx]의 조도 수준이상에서는 빛의 양이 상당히 증가하여도 가시도는 조금밖에 증가하지 않는다. 양호한 조명의 특성은 불쾌 눈부심이나 불능 눈부심과 같은 가시 잡음과 불량한 조도 분포가 없어야 한다.

실내에서 소리의 크기는 음원의 특성뿐만 아니라 실내 표면의 흡음 특성, 실내의 크기 및 청취자와 음원간의 거리에도 의존한다. 실내 표면이 평평하고 딱딱한 마감재로 되어있으면, 부드럽고 흡음 특성을 가진 재질로 되어있을 경우보다 소리의 크기가 크다. 실내에서 음원 가까이에서는 소리의 크기가 거리의 역제곱에 비례하여 감소한다.

실내에서 조명에도 같은 요인이 적용된다. 실내 조도 수준은 소리의 크기와 유사하다. 즉, 빛의 반사율은 소리 흡수 계수와 유사하고, 빛은 점 음원에서와 마찬가지로 거리의 역제곱에 비례하여 감소한다.

예를 들어, 천장과 벽면을 흰 페인트를 칠한 작은 공간에 13 [W] 콤팩트 형광램프(약 800 [lm])를 켰다고 가정한다. 실내의 표면이 높은 반사율을 가지므로, 이 램프로도 적당한 조도 수준을 얻을 수 있을 것이다. 그러나, 이 공간이 어둡고 반사율이 낮은 표면으로 되어있다면 상당히 조도가 낮을 것이다. 적당한 조도를 얻기 위하여 32 [W]의 형광램프(약 3000 [lm])가 필요할 것이다. 따라서 실내의 조도 수준은 광원의 소비전력(또는 광출력)뿐만 아니라 실내 표면의 광 반사율 특성과 광원으로부터의 거리에도 의존한다. 이 장에서는 광원의 형태에 따른 조도계산 방법에 대하여 알아본다.

어떤 면에 빛이 도달하여 얻어지는 밝기는 조도(illuminance, 단위 lx = lm/m^2)로 나타낸다. 이때 입사하는 빛은 두 가지 성분, 즉, 광원에서 출발하여 면에 직접 도달하는 직사광과 면과 면사이의 상호반사에 의한 반사광으로 이루어진다. 각각의 성분에 의한 조도를 직사조도와 확산조도라고 한다. 직사조도는 광원과 등기구의 형태에 따른 배광분포, 광원과 빛을 받는 면사이의 거리와 각도를 알면 역제곱 법칙과 코사인 법칙을 사용하여 비교적 용이하게 구할 수 있다. 그러나 면사이의 상호반사에 의한 확산조도는 직사조도에서 고려하는 요인 이외에 면의 형태, 배치 및 반사율에 영향을 받으며 일반적으로 계산이 매우 복잡하다. 조명설계에서는 확산조도와 반사조도를 모두 고려하여야 하며 확산조도의 계산을 간략하게 하기 위하여 광속법을 사용한다.

이 절에서는 광원의 형태에 따른 직사조도의 계산법과 상호반사에 의한 조도의 변화에 대하여 고찰한다.

(1) 직사조도 계산

1) 역제곱 법칙

점광원으로부터 거리가 증가할수록 같은 광에너지가 더 넓은 면적에 분배된다. 결과적으로 조도는 감소한다. 빛에 대한 역제곱 법칙(inverse square law)은 다음과 같다.

$$E = \frac{I}{r^2}$$

여기서 E: 조도 [lx], I: 광원의 광도 [cd], r: 점광원으로부터의 거리 [m]이다.

* 주: 광원 최대 크기보다 10 배 이상이 되는 거리에서는 그 광원을 점광원으로 볼 수 있다. 또한 실용적으로는 5 배 이상의 거리에서도 점광원으로 취급할 수 있다.

2) 코사인 법칙

표면에 직각이 아닌, 법선과 각도 α를 이루며 입사하는 광 에너지는 더 넓은 표면에 분배된다. 예를 들어 [그림 1]에 보이는 것과 같이, 영역 E2는 영역 E1보다 넓다. 빛에 대한 코사인 법칙(cosine law)은 다음과 같다.

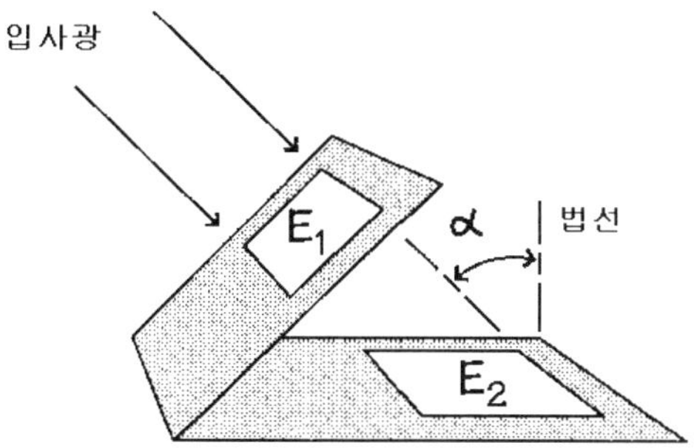

[그림 1] 코사인 법칙

$$E_2 = E_1 \cos\alpha$$

여기서 E: 조도, α: 법선과 입사광 사이의 각도

3) 점광원

등기구의 최대 크기보다 5~10 배 이상이 되는 거리에서는 실용적으로 그 등기구를 점광원으로 볼 수 있다. 점광원에 의해 빛을 수직으로 받는 경우에 조도는 광도에 비례하고, 거리의 제곱에 반비례한다.

점광원은 어떤 물체나 영역에 빛을 집속하거나, 반짝이는 효과를 주기 위하여 많이 사용된다. 여기서는 점광원에 의해 상호반사가 없는 경우 직사조도의 계산 방법과 계산 예를 보인다.

① 경사진 면에 입사하는 빛

경사진 면에서 조도를 계산하기 위하여, 면의 법선과 광원과 계산하려는 점 사이를 연결하는 선 사이의 각도 α를 구하고, 등기구에 대하여 주어진 측광 데이터 또는 표로부터 광도를 찾은 후, 다음의 식으로 조도를 계산한다.

$$E = \frac{I}{r^2} cos\alpha$$

여기서, E: 조도 [lx], I: 광원의 광도 [cd], r: 점광원으로부터의 거리 [m],
α: 법선과 입사광 사이의 각도이다.

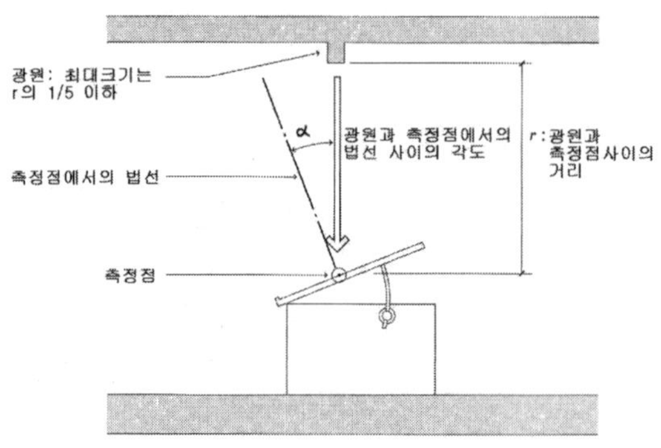

[그림 2] 경사진 면

② 여러 개의 광원에 의한 빛

임의 점에서의 조도(예를 들어, [그림 3]에서 A 점)는 그 점에 입사하는 모든 광원에 의한 조도의 합이다. 조도는 다음의 식으로 계산한다.

$$E= \frac{I_1}{r_1^2}cos\alpha_1 + \frac{I_2}{r_2^2}cos\alpha_2 + \cdots$$

여기서, E: 조도 [lx], I_n: 광원의 광도 [cd], r_n: 점광원으로부터의 거리 [m], α_n: 법선과 입사광 사이의 각도이다.

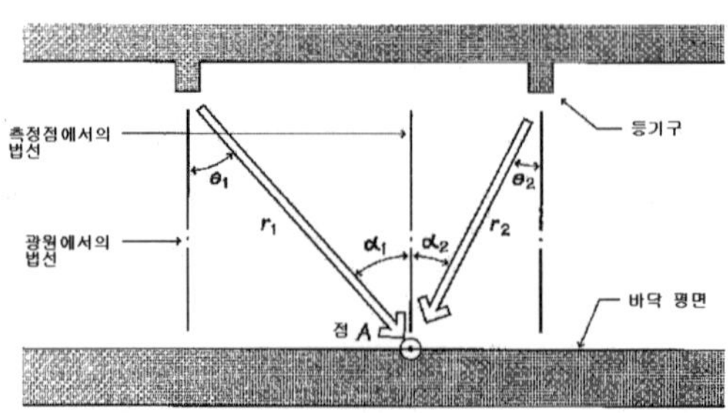

[그림 3] 여러 개의 광원

③ 점광원 계산 예

다음은 한 개의 다운라이트 기구에 의한 계산 예이다. 조도를 계산하기 위하여 적용 기구에 대한 배광데이터가 제공되어야 한다. 배광데이터는 ① 그래프로 표현된 배광분포곡선 또는 ② 수치의 형태로 주어진다. 수치의 형태로 주어지는 것 중 가장 널리 사용되는 것이 북미조명학회(IESNA)에서 제공하는 IES 포맷이다. 특히, IES 포맷은 시뮬레이션 프로그램에서도 널리 사용되고 있다. (부록 참조)

이 예에서는 바닥점으로부터 계산하려는 지점에 대한 특정 각도의 광도 데이터(배광분포곡선)는 다음의 [그림 4]와 같다. 이것은 광조형(wide beam spread) 기구이다.

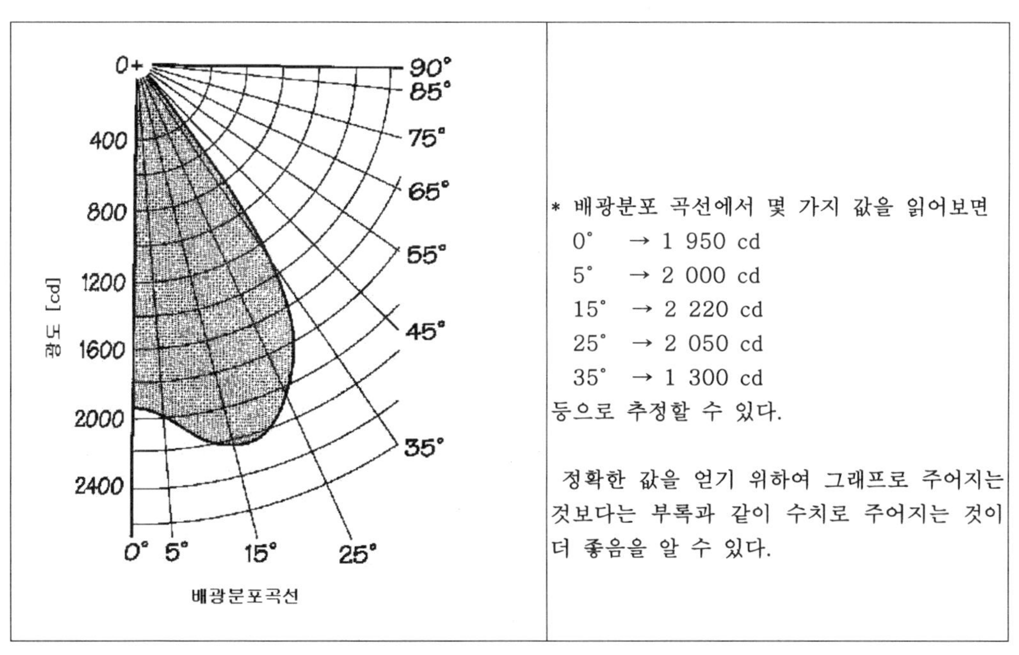

[그림 4] 광조형 기구의 배광분포곡선의 예

가. 기구 바로 아래에 위치한 작업면의 지점 A의 조도는 다음과 같이 계산한다(그림 5). 각도 θ는 직하점에서 0 [°]이므로, cos θ = 1이고, [그림 4]에서 I = 1950 [cd]이다. 광원으로부터 A 점까지의 거리는 5.4 - 0.9 = 4.5 [m]이다.

$$E_A = \frac{I}{r^2}cos\theta = \frac{1950}{4.5^2}(1) \fallingdotseq 96\,[\mathrm{lx}]$$

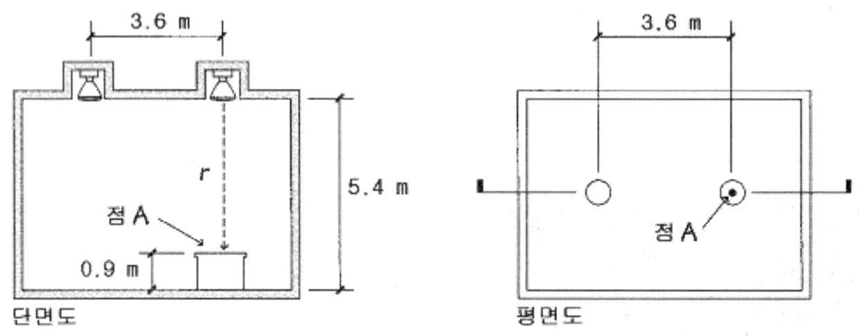

[그림 5] 단면도와 평면도

나. 점 A에서 수평으로 1.8 [m] 떨어진 점 B에서의 조도는 다음과 같다(그림 6). 각도 θ는 tan θ = x/y = 1.8/4.5 = 0.4에서 θ = 21.8 [°]이고, [그림 4]에서 I = 2100 [cd]이다. 광원으로부터 B 점까지의 거리 r의 제곱은 $r^2 = 4.5^2 + 1.8^2 = 23.49$ 가 된다.

$$E_B = \frac{I}{r^2}cos\theta = \frac{2100}{4.5^2 + 1.8^2}(0.9285) \fallingdotseq 83\,[\mathrm{lx}]$$

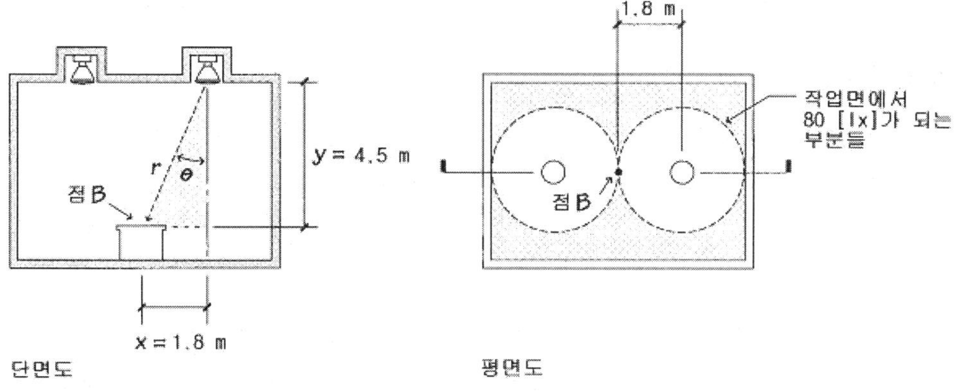

[그림 6] 단면도와 평면도

만약, 옆에 있는 등기구를 점등한다면, 점 B의 조도는 약 166 [lx]가 될 것이다(즉, 두 개의 기구에 의한 조도를 더한 것과 같다).

다. 바닥에서 1.8 [m] 떨어진 벽면의 점 C에서의 조도(수직면 조도)는 다음과 같다(그림 7). 각도 θ는 tan θ = x/y = 1.8/3.6 = 0.5에서 θ = 26.6 [°]이다.

$$E_C = \frac{I}{r^2} sin\theta = \frac{1900}{3.6^2 + 1.8^2}(0.4472) \fallingdotseq 52[\text{lx}]$$

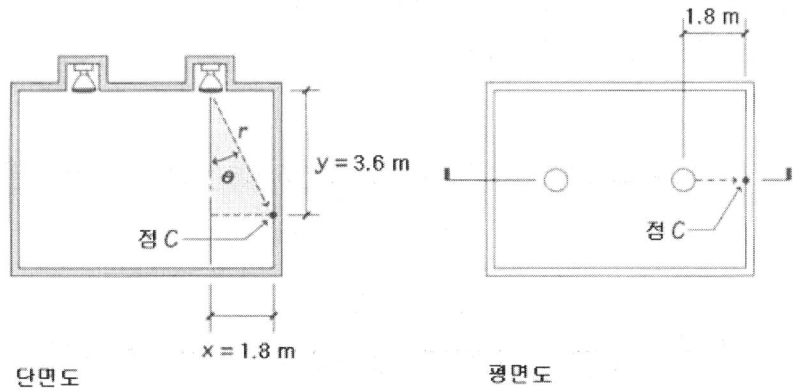

[그림 7] 단면도와 평면도

여기서 수직면 조도를 구하기 위하여 sin θ가 사용되었다.

(2) 상호반사를 고려한 조도 계산

이 장에서 앞 절까지는 임의의 형체와 크기를 갖는 광원에 의한 직사조도를 계산하는 방법을 설명하였다. 이는 반사면이 없다고 가정한 것이며, 도로나 운동장과 같이 반사면이 없거나 주위에 반사를 일으키는 면이 무시할만한 경우에 적합하다.

그러나 실내조명에서는 광원으로부터의 빛 이외에 천장, 벽, 바닥, 가구, 기기, 기구 등으로부터의 반사광이 있으며, 실내의 어떤 점의 조도는 광원으로부터의 직사조도 이외에 반사에 의한 확산조도가 추가된다. 이 절에서는 확산조도를 일으키는 상호반사에 대하여 설명한다.

천장, 벽, 바닥 등의 면 사이에 반사가 반복되는 것을 상호반사라 한다. 상호반사의 결과로 조도가 직사조도만의 경우보다 증가한다. 이 계산은 복잡하며 적분방정식을 풀게 되지만, 여기서는 간단한 경우에 대하여 설명하기로 한다.

1) 평행평면의 상호반사

[그림 8]에서 천장 C와 바닥 F가 평행하며, 또한 무한히 넓다고 가정하고, 바닥에 직사조도 E [lx]를 줄 경우, 상호반사에 의하여 바닥 및 천장의 조도가 어떻게 되는가를 계산한다.

바닥의 반사율을 ρf, 천장의 반사율을 ρc라 하면, 직사조도 E [lx]에 의하여 바닥의 광속발산도는 E·ρf [rlx]로 된다.

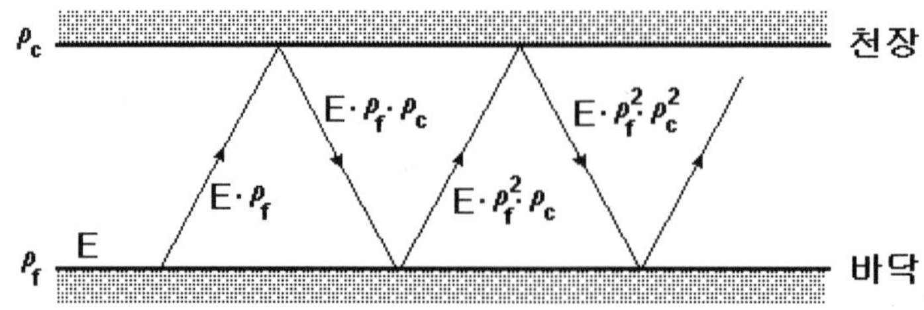

[그림 8] 평행평면의 상호반사

바닥도 천장도 무한이므로 바닥으로부터 반사된 광속은 전부 천장에 부딪히므로 천장의 조도는 바닥의 광속발산도와 같은 값이며, $E\cdot\rho f$ [lx]로 된다. 이 조도에 의하여 천장의 광속발산도 $E\cdot\rho f\cdot\rho c$ [rlx]를 일으키고, 바닥에 조도 $E\cdot\rho f\cdot\rho c$ [lx]가 생긴다.

이와 같이 반사가 반복되어 천장 및 바닥에 축차적으로 생기는 조도는 [그림 8]과 같이 된다.

최종의 조도는 이들의 총계로 다음 식으로 표시된다.

$$\text{바닥의 조도}\quad E_f = E + E\rho_f\rho_c + E(\rho_f\rho_c)^2 + \cdots = E\left[1+\rho_f\rho_c+(\rho_f\rho_c)^2+\cdots\right]$$

$$= \frac{E}{1-\rho_f\rho_c}[\text{lx}]$$

$$\text{천장의 조도}\quad E_c = E\rho_f + E\rho_f^2\rho_c + E\rho_f^3\rho_c^2 + \cdots$$

$$= \frac{E\rho_f}{1-\rho_f\rho_c}[\text{lx}]$$

위의 식에서 알 수 있듯이 반사율 $\rho_f \cdot \rho_c$가 1에 가까운 경우에는 직사조도 E에 비하여 E_f와 E_c가 매우 커진다.

2) 구내의 상호반사

[그림 9]에 표시한 반지름 r [m]의 구의 내면의 반사율을 ρ라 하자. 광속 F [lm]에 의하여 구내에 직사조도 E_0 [lx]의 분포가 생겼다고 하면 다음 식이 성립한다.

$$F = \int E_0 dS[\text{lm}]$$

여기서, S: 구의 내부 표면적 [m^2]

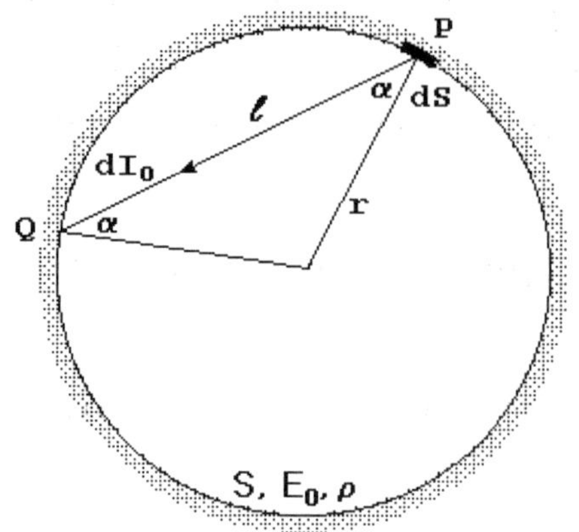

[그림 9] 구내의 상호반사

직사조도 E_0는 보통 구면의 각부에서 같지 않으나. 이것에 의하여 구의 내면은 $L = \frac{\rho}{\pi} E_0 [\mathrm{cd/m^2}]$ 의 휘도를 가지는 2차 광원으로 되며, 이것으로 구면 위에 생긴 직사조도 E_1은 다음과 같이 구면의 각 부분에서 같게 된다.

[그림 9]의 구면 위의 임의의 점 P에서의 미소면 dS에 의하여 구면 위의 임의의 점 Q에 생기는 직사조도는 다음과 같이 된다.

$$dE_1 = \frac{dI_\alpha}{l^2} cos\alpha = \left(\frac{\rho}{\pi} E_0 dS \cos\alpha\right) \frac{\cos\alpha}{(2r\cos\alpha)^2} = \frac{\rho E_0}{S} dS [\mathrm{lx}]$$

이것을 구면 전체에 대하여 적분하면 다음과 같다.

$$E_1 = \int dE_1 = \frac{\rho}{S} \int E_0 dS = \frac{\rho F}{S} [\mathrm{lx}]$$

결과적으로 반사된 전광속을 구면 위에 균일하게 배분한 값으로 되며, 점 Q의 위치에 관계가 없는 것을 알 수 있다. 이 E_1인 조도에서 전체 구면이 $E_1 S = \rho F [\mathrm{lm}]$ 만

큼의 광속을 받아서 $\rho^2 F$[lm] 의 광속을 반사하므로 그에 의한 직사조도는 위와 같이 균일하며 다음의 식과 같다.

$$E_2 = \frac{\rho^2 F}{S} [\mathrm{lx}]$$

상호반사를 반복한 결과의 조도는 다음과 같다.

$$E = E_0 + \frac{\rho F}{S} + \frac{\rho^2 F}{S} + \frac{\rho^3 F}{S} + \cdots = E_0 + \frac{\rho}{1-\rho}\frac{F}{S} [\mathrm{lx}]$$

오른쪽 변의 제 1 항은 직사조도이며, 제 2 항은 상호반사에 의한 조도의 증가분이다.

구형광속계로 광속을 측정할 때에는 광속계의 센서로 향하는 직사광을 막아서 센서의 E_0를 0으로 하고 광원의 광속에 비례하는 $\frac{\rho}{1-\rho}\frac{F}{S}$[lx] 의 조도만을 측정한다.

2. 측정

현장에서 실제 조명설비를 평가함에 있어 특정 장소에서의 조명의 질과 양을 측정하거나 조사하는 것이 필요하다. 현장 측정은 조사 당시의 조건에만 적용이 된다. 따라서, 결과에 영향을 줄 수 있는 조사 구획과 이외의 모든 요소, 즉, 실내면의 반사율, 램프의 형식과 사용 기간, 전압, 조사에 사용된 기구 등에 대하여 세밀하게 기록하는 것이 매우 중요하다.

조도 측정시에 조도계는 코사인 교정, 색 교정이 되어있어야 한다. 또한, 가능하다면 15 [℃]와 50 [℃] 사이에서 사용하여야 한다. 측정치를 읽을 때에는 수광부에 그림자가 지지 않도록 하고, 밝은 색의 옷을 입었을 경우에는 광원에서 나온 빛이 반사되어 수광부에 들어가지 않도록 충분히 떨어져 있도록 주의한다.

고광도 방전등이나 형광등의 경우에는 정격출력을 얻을 수 있도록, 측정 전에 적어도 한 시간 이상 점등하여 두도록 한다. 새로 설치한 조명 설비인 경우에는 방전등은 측정 전에 적어도 100 시간 이상 동작시켜야 한다. 백열 전구인 경우에는 일반적인 크기의 경우 20 시간 또는 그 이하로 조정될 수 있다.

미국조명학회(IESNA)는 옥내 적용에서 필요한 데이터의 측정과 보고를 위한 표준 조사 방법을 개발하였다. 이 표준 조사의 결과들은 단독으로 사용될 수도 있고, 규격에의 충실도를 결정하거나 또는 보수, 수정, 대치의 필요성을 나타내기 위한 다른 조사와 비교의 목적으로 사용될 수도 있다.

(1) 평균조도 측정

전반조명에 의한 수평면의 평균조도 결정에만 적용된다. 측정치를 읽을 때, 측정기의 수광부는 작업면(예를 들어 책상의 경우에는 바닥으로부터 75~85 [cm] 위)에 수평으로 놓여야 한다. 이것은 수광부를 지지하는 소형의 이동식 받침대를 사용하여 이루어질 수 있다. 측정 영역을 60 [cm] 크기의 정사각형 구획으로 분할하여, 각각의 구획에서 값을 읽고 평균한다. 조도 측정을 야간에 하거나 차양막, 커튼 또는 불투명한 재질로 창을 가려 주광의 영향을 배제할 수 있다.

1) 등기구가 2 열 또는 그 이상의 열로 균등하게 설치된 직사각형 공간 (그림 10)

① 대표적인 내부 구획에서 r_1, r_2, r_3 및 r_4 지점의 조도값을 읽는다. 대표적인 중심 구획 r_5, r_6, r_7 및 r_8 지점에서 반복한다. 이 8 개의 조도값을 평균한다. 이 값이 아래 식의 R 값이 된다.

② 방의 상하변에서 2 개의 대표적인 절반 구획내의 q_1, q_2, q_3 및 q_4 지점의 조도값을 읽는다. 이 4 개의 조도값을 평균한다. 이 값이 아래 식의 Q 값이 된다.

③ 방의 양 측변에서 2 개의 대표적인 절반 구획내의 t_1, t_2, t_3 및 t_4 지점의 조도값을 읽는다. 이 4 개의 조도값을 평균한다. 이 값이 아래 식의 T 값이 된다.

④ 방 구석의 2 개의 대표적인 1/4 구획내의 p_1과 p_2 지점의 조도값을 읽는다. 이 2 개의 조도값을 평균한다. 이 값이 아래 식의 P 값이 된다.

⑤ 다음의 식을 적용하여 영역의 평균조도를 계산한다.

$$E_{avg} = \frac{R(N-1)(M-1)+Q(N-1)+T(M-1)+P}{MN}$$

여기서, N: 한 열당 기구의 수, M: 열의 수

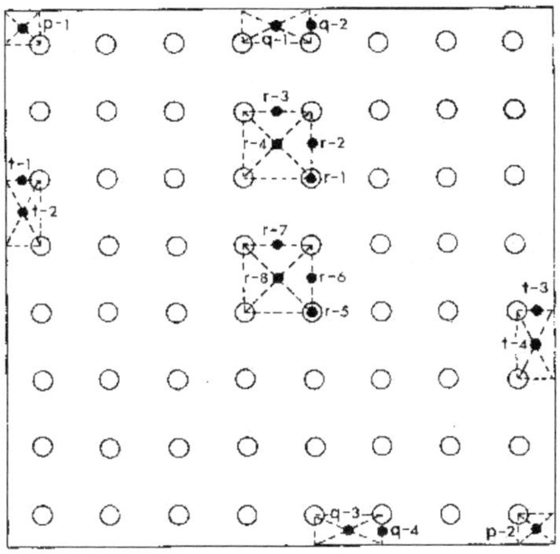

[그림 10] 2 열 또는 그 이상의 열로 균등설치된 직사각형 공간

2) 1개의 등기구가 중앙에 설치된 직사각형 공간 (그림 11)

4 개의 구획 p_1, p_2, p_3 및 p_4 지점에서 조도값을 읽은 후, 다음의 식을 적용하여 영역의 평균조도를 계산한다.

$$E_{avg} = \frac{p1+p2+p3+p4}{4}$$

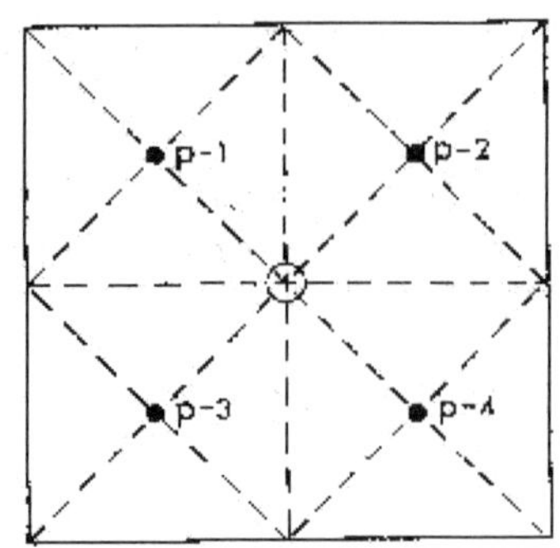

[그림 11] 1개의 등기구가 중앙에 설치된 직사각형 공간

3) 등기구가 1 열로 설치된 직사각형 공간. (그림 12)

① 방의 각 변에 위치한 각각 2 개씩의 대표적인 4 개의 절반 구획내의 q1에서 q8까지 각 지점의 조도값을 읽는다. 이 8 개의 조도값을 평균한다. 이 값이 아래 식의 Q 값이 된다.

② 방 구석의 2 개의 대표적인 절반 구획내의 p1과 p2 지점의 조도값을 읽는다. 이 2 개의 조도값을 평균한다. 이 값이 아래 식의 P 값이 된다.

③ 다음의 식을 적용하여 영역의 평균조도를 계산한다.

$$E_{avg} = \frac{Q(N-1)+P}{N}$$

여기서, N: 기구의 수

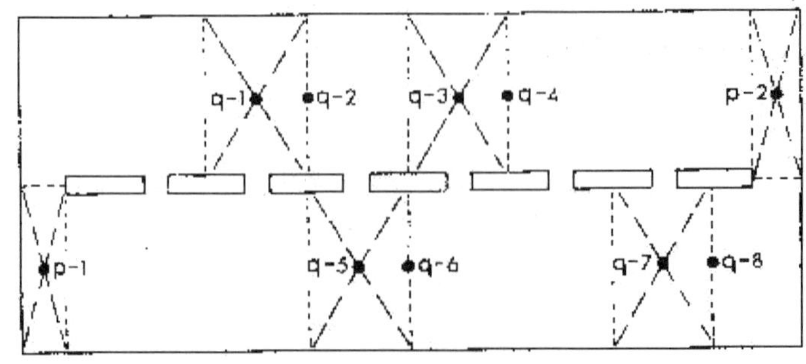

[그림 12] 등기구가 1 열로 설치된 직사각형 공간

앞서 기술한 것과 유사한 방법으로 등기구가 2 열 또는 그 이상의 연속적인 열로 설치된 직사각형 공간, 등기구가 1 열로 연속적으로 설치된 직사각형 공간 및 광천장이 설치된 직사각형 공간에 대하여도 유사한 공식이 적용된다. 자세한 것은 IESNA Lighting Handbook을 참고한다.

(2) 점조도 측정

전반조명과 국부조명이 사용되는 작업에서 작업자가 정상 작업위치에 있을 때 작업지점의 조도를 측정한다. 측정치를 읽을 때, 측정기구 수광부의 표면이 작업면 또는 중요한 작업이 진행되는 면(수평, 수직, 경사)에 위치하도록 한다. 조도값은 다음의 <표 1>에 의하여 작성한다.

<표 1> 점조도 측정 양식

작업지점	작업지점 설명	바닥으로부터의 높이	면 (수평,수직,경사)	조도 [lx]	
				합 (전반+국부)	전반
1-(최대)					
2-(최소)					
3-					
4-					
5-					

(3) 조도계 응용 측정

정확한 조명시뮬레이션을 위하여 반사면의 반사율과 투과율이 필요하다. 실제 사용된 마감재의 데이터가 미지인 경우에는 실측하여 시뮬레이션에 적용하여야 한다. 반사율과 투과율을 측정하기 위하여 반사율계 또는 투과율계를 사용하여야 하지만 주변에서 구하기 어려운 것이 현실이다. 이때 조도계를 이용하여 간이 측정이 가능하다.

이 절에서는 조도계를 사용하여 반사율과 투과율을 측정하는 방법에 대하여 알아본다.

1) 반사율 측정

이 방법은 수성 도료가 도포되어 있는 면과 같이 확산면이면서 반짝거리지 않는 면에 대하여 응용할 수 있다.

가) 입사광의 반사광 측정에 의한 방법

① 입사광에 의한 조도를 측정한다. 예를 들어 조도계의 지시치가 700 [lx]라고 하자.

② 반사광을 측정한다. 예를 들어 조도계의 지시치가 450 [lx]라고 하자.

③ 표면의 반사율 ρ를 계산한다.

$$\rho = \frac{450}{700} \fallingdotseq 64[\%]$$

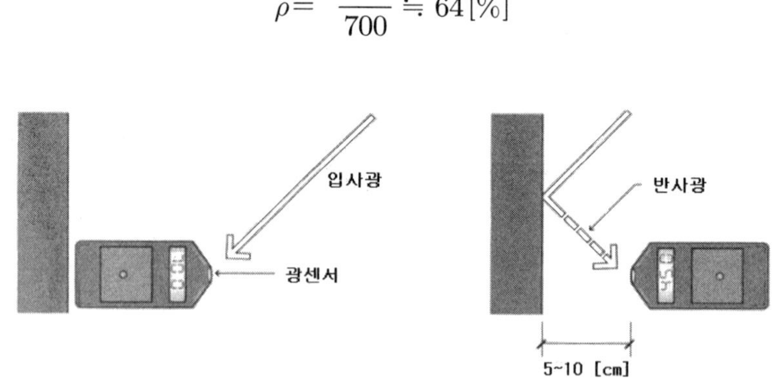

[그림 13] 반사광 측정에 의한 반사율 측정

나) 기지의 시료를 이용한 측정 방법

반사율을 이미 알고 있는 시료를 사용하면 확산반사면의 반사율 측정에서 앞의 방법보다 좀 더 정확한 측정을 기대할 수 있다.

① 반사율을 알고 있는 시료의 반사광에 의한 조도를 측정한다. 예를 들어, 시료의 반사율 ρ가 90 [%]이고, 조도계의 지시치가 600 [lx]라고 하자.

② 같은 위치에서 시료를 제거하고 조도를 측정한다. 예를 들어 조도계의 지시

치가 430 [lx]라고 하자.

③ 표면의 반사율 ρ를 계산한다.

$$\rho = \frac{430}{600} \times 90 \fallingdotseq 65[\%]$$

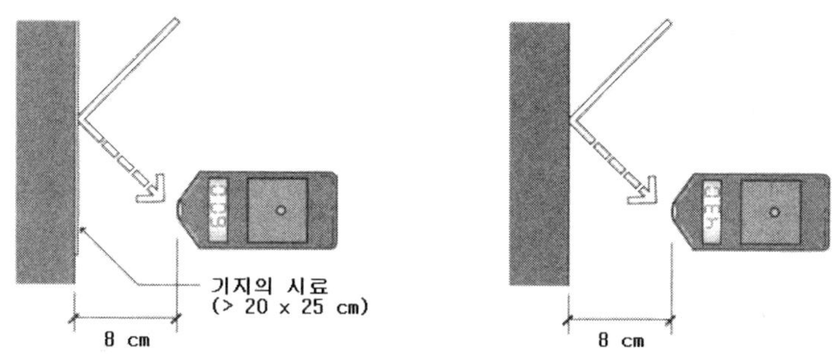

[그림 14] 기지의 시료에 의한 반사율 측정

표준 반사율 시료로서 Kodak사의 gray card가 있다. 이 시료는 백색, 회색, 검은색의 세 부분으로 이루어져 있으며, 반사율은 각각 90, 18, 3 [%]이고, 스튜디오 촬영에 많이 이용되고 있다.

(http://wwwnl.kodak.com/US/en/motion/products/tools/card.shtml site 참조)

2) 투과율 측정

① 투과율을 측정하고자 하는 시료를 통하여 조도를 측정한다. 예를 들어 조도계의 지시치가 800 [lx]라고 하자.

② 시료를 제거하고 조도를 측정한다. 예를 들어 조도계의 지시치가 1500 [lx]라고 하자.

③ 시료의 투과율 τ를 계산한다.

$$\tau = \frac{800}{1500} \fallingdotseq 53[\%]$$

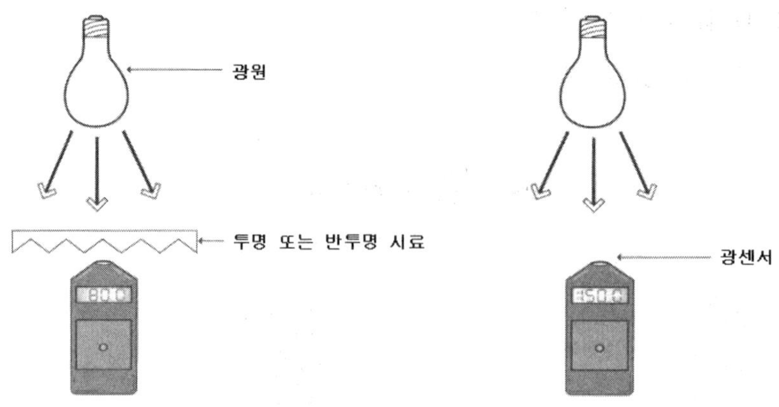

[그림 15] 투과율 측정

(4) 조명시뮬레이션 프로그램 일람

현재 시중에서 널리 사용되고 있는 조명 시뮬레이션 프로그램으로는 다음과 같은 것들이 있다. 이들 대부분은 MS Windows 기반으로 운용이 된다. 특히 널리 사용되는 것으로는 Lightscape, AGI32, Lumen Designer, Relux 및 Radiance를 들 수 있다.

<표 2> 조명 시뮬레이션 프로그램

회사	제품명
Autodesk	Lightscape (단종), Viz
Columia Lighting	LitePro
Cooper Lighting	Luxicon
Integra	Inspirer
Lighting Analysts	AGI, Pocket AGI, Photometric Toolbox
Lighting Technologies	Lumen Designer
Lithonia Lighting	Visual
Relux	Relux/Vision
Schorsch	Rayfront/Raydirect
공개 프로그램	Radiance, Desktop Radiance
공개 프로그램	DIALux

부록: 배광데이터를 나타내는 IES file format

```
IESNA91
[TEST] L5181.IES
[MANUFAC] Lithonia Lighting, Lithonia Fluorescent
[LUMCAT] C 2 32 TUBI
[LUMINAIRE] GENERAL PURPOSE CHANNEL, 4' 2LP T8 ELEC
[LAMP]  2900  LM LAMP
[OTHER]Version: 10/1/96 - 12:00:00
TILT=NONE
 2  2900  1  21  5  1  1  .35  4  0
 1  1  62
 0  5  15  25  35  45  55  65  75  85                ← 수직각도. 모두 21군데
 90  95  105  115  125  135  145  155  165  175
 180
 0  22.5  45  67.5  90                               ← 수평각도. 모두 5군데
 1029  1026  988  917  811  675  516  340  174  33   ← 수평각도 0도에서 수직각도 0, 5, ..., 180도에
 2  2  2  2  0  2  0  2  0  2                           대한 광도 데이터(한 줄에 10개씩 모두 21개)
 1
 1029  1029  1000  941  858  749  636  500  350  193 ← 수평각도 22.5도에서 데이터(21개)
 119  140  101  63  29  4  2  2  2  4
 1
 1029  1025  1009  982  953  887  801  701  589  335 ← 수평각도 45도에서 데이터(21개)
 265  317  278  228  160  94  29  2  2  0
 1
 1029  1029  1033  1037  1034  996  933  859  693  434  ← 수평각도 67.5도에서 데이터(21개)
 375  428  434  345  269  175  90  14  0  2
 1
 1029  1033  1037  1058  1060  1033  980  912  724  461  ← 수평각도 90도에서 데이터(21개)
 416  469  487  385  307  209  109  22  0  0
 1
```

위의 상태로는 보기가 나쁘므로 수평각도, 수직각도 및 광도데이터를 보기 좋게 정리하면 다음과 같다.

```
IESNA91                                              : 이 부분은 위와 동일
[TEST] L5181.IES                                     :
[MANUFAC] Lithonia Lighting, Lithonia Fluorescent    :
[LUMCAT] C 2 32 TUBI                                 :
[LUMINAIRE] GENERAL PURPOSE CHANNEL, 4' 2LP T8 ELEC  :
[LAMP]  2900  LM LAMP                                :
[OTHER]Version: 10/1/96 - 12:00:00                   :
TILT=NONE                                            :
 2  2900  1  21  5  1  1  .35  4  0                  :
 1  1  62                                            :
 0     5     15    25    35    45   55   65   75   85   90   95   105  115  125  135  145  155  165  175  180
 0     22.5  45    67.5  90
 1029  1026  988   917   811   675  516  340  174  33   2    2    2    2    0    2    0    2    0    2    1
 1029  1029  1000  941   858   749  636  500  350  193  119  140  101  63   29   4    2    2    2    4    1
 1029  1025  1009  982   953   887  801  701  589  335  265  317  278  228  160  94   29   2    2    0    1
 1029  1029  1033  1037  1034  996  933  859  693  434  375  428  434  345  269  175  90   14   0    2    1
 1029  1033  1037  1058  1060  1033 980  912  724  461  416  469  487  385  307  209  109  22   0    0    1
```

5장 조명 시뮬레이션

1. 프로그램 시작 및 데이터 입력하기

☞ File> Import> dxf 선택하여 [그림 1]과 같이 기입을 한다.

: File Units는 외부프로그램에서 모델링 시에 적용한 단위를 사용한다.

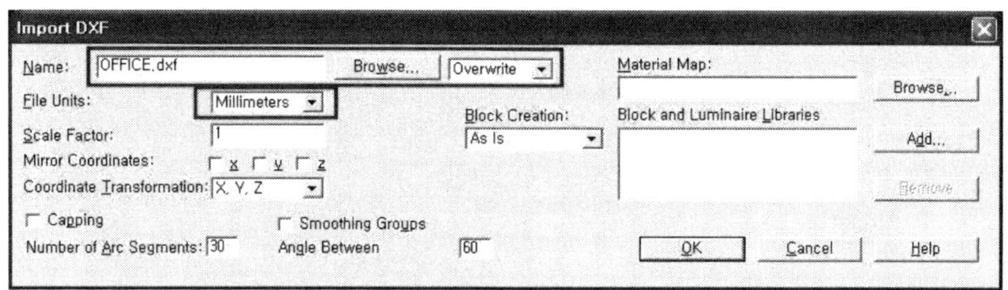

[그림 1] 데이터 불러오기

☞ 입력된 개체가 15,000×12,000×4,000[mm]임을 확인하고, Yes 클릭한다.

☞ Shading Outlined을 클릭한다. 각 면의 고유색상을 띄게 된다.

☞ (Perpective), (Select), (Surfec)를 클릭하고 임의의 면을 클릭하고, 영문키 "O"(, Orbit)를 누른 상태로 마우스 좌측버튼을 누른 채 마우스를 움직여 본다.

: 모델의 형태 및 색상을 관찰할 수 있다.

☞ (View Extents)를 클릭하여 전체보기를 한다.

2. Orientation

☞ , 를 클릭하고 임의의 면을 클릭하고, 마우스 우측버튼을 클릭하여 "Orientation"을 선택한다.

☞ 기능을 사용하여 모델의 형태 및 색상을 관찰한다.

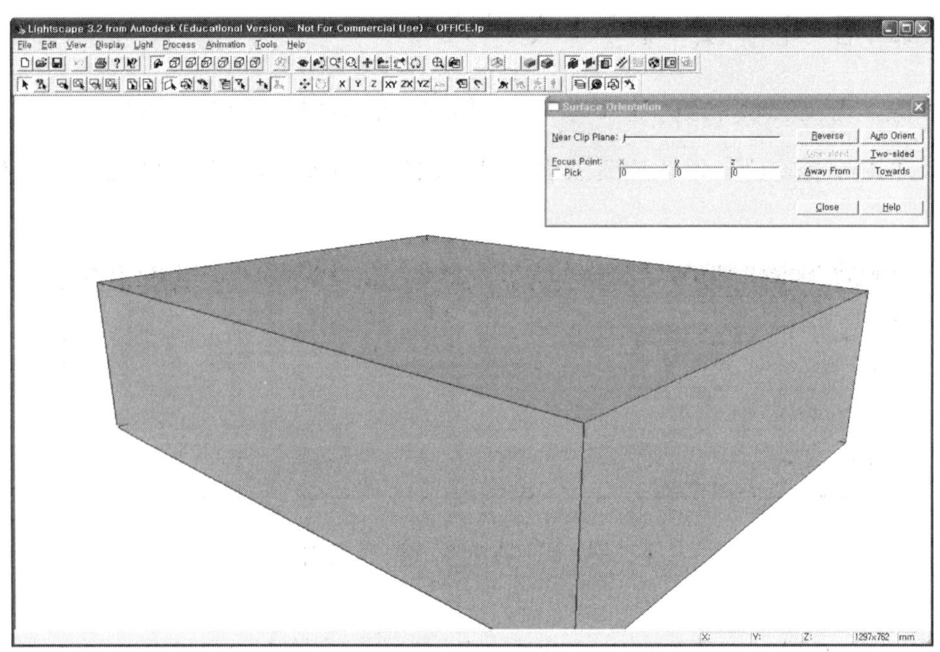

[그림 2] Orientation

: Lightscape는 표면에 대하여 인식하는 면과 인식하지 않는 면으로 구분한다. 인식하는 면은 표면의 색상을 표현하고, 인식하지 않는 면은 연두색으로 표현하거나, 아예 표현하지 않는다. 모든 조명계산은 인식하는 면에서 이루어지므로, 조명계산이 필요한 부분의 면은 모두 인식하는 면으로 변경시켜야 한다.

: 모델링 시에 가급적이면 연두색 계열의 색상은 피하는 것이 좋다.

☞ 연두색이 아닌 표면을 선택하여 Orientation 박스에서 "Reverse"를 클릭하여 모든 표면을 연두색으로 바꾼 후, Close를 클릭하여 박스를 닫는다.

: 실내 공간에 대한 작업을 할 것이므로, 내부 면을 인식하도록 한다.

☞ 를 클릭하여 전체보기를 한 후, 기능을 이용하여 모델을 둘러본다.

: 각 면의 색상이 표현된 내부면을 볼 수 있다.

☞ , , 를 클릭하고, 파일을 저장한 후에 다음 단계를 준비한다.

3. 데이터 재질속성설정하기

☞ (Query), 를 클릭한 후, 천정면을 선택한다.

: 해당 Layer와 Material로 활성화표시가 이동한다.

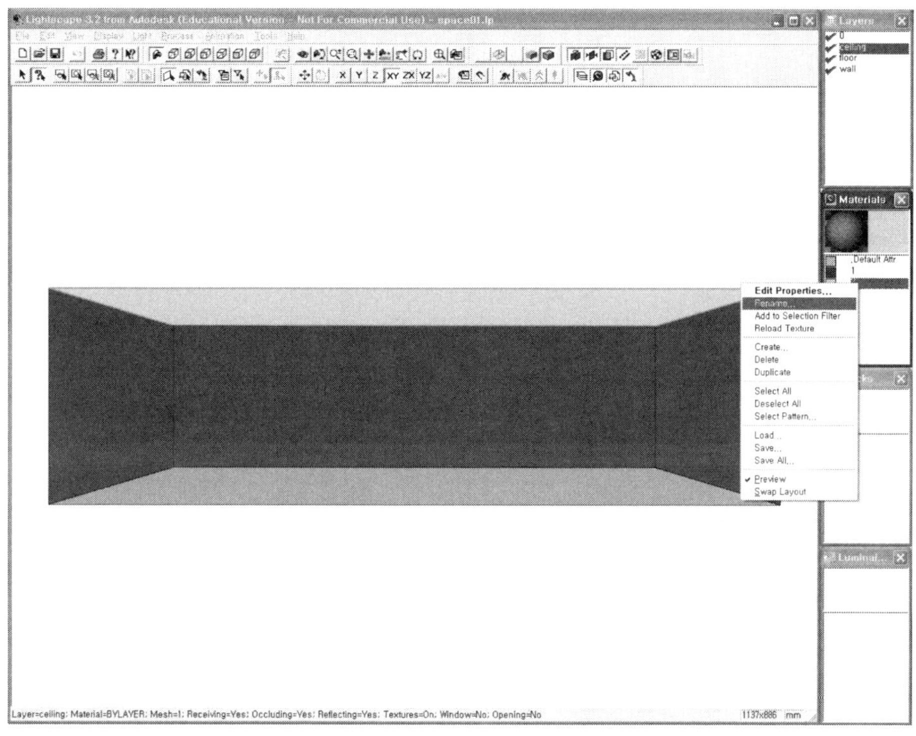

[그림 3] rename

☞ Materials table에 있는 "2"에서 마우스 우측버튼을 클릭하여 Rename을 클릭하고, Layers table에 활성된 명칭과 같은 "ceiling"으로 수정한다.

☞ 벽면과 바닥면에 대해서도 각각 "wall"과 "floor"로 수정한다.

☞ Material table 에서 "ceiling"을 더블클릭한다.

: "Material Properties box"가 나타난다.

☞ Color 탭으로 이동하여 S: 0.00, V: 0.7 로 기입하고 적용한다.

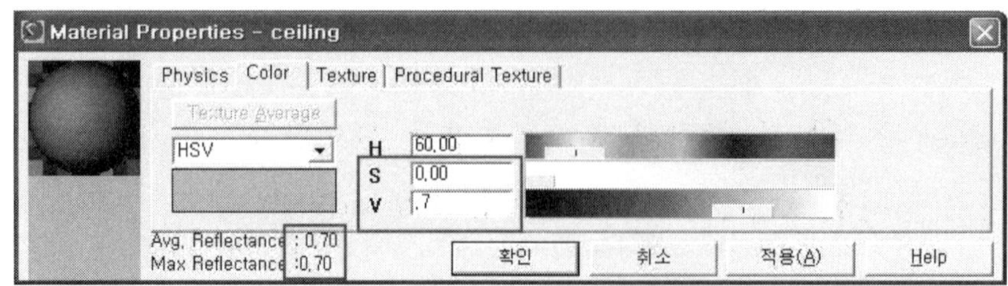

[그림 4] Material Properties box

: V값의 수정되어 박스하단에 반사율 값이 0.7로 변경됐음을 확인한다.

☞ Material table 에서 "wall", "floor"에 대하여 다음과 같이 수정한다.

: "wall"는 S: 0.00, V: 0.5, "floor"는 S: 0.00, V: 0.2로 적용한다.

: 각각의 테이블에서 불필요한 항목들을 삭제한다.

4. 블록개체 불러들이기

☞ Blocks table에서 마우스 우측버튼을 클릭하여 "Load"를 선택한다.

☞ "block.blk"를 더블클릭하고, 나타난 박스에서 "Plane"을 선택한다.

: 동시에 Layers table에 "plane" layer가 생성된다.

☞ Layers table의 "plane"을 선택하고 마우스 우측버튼을 클릭하여 "make current"를 클릭하여 "plane" layer를 현재면으로 만든다.

☞ Blocks table에서 plane 블록을 클릭한 채로 메인화면으로 드래그한다.

: , 등을 이용하여 드래그된 "plane"블록의 위치를 확인한다.

☞ (Block)를 클릭하고, "plane" 블록을 클릭한 후, 마우스 우측버튼을 클릭하여 "Transformation"을 선택한다.

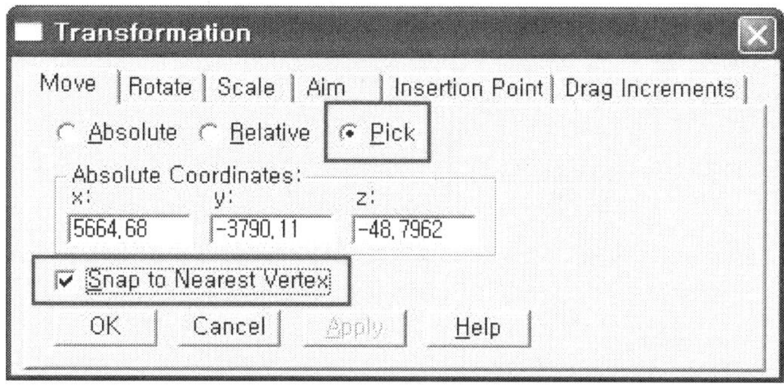

[그림 5] Transformation

☞ Move 탭으로 이동한 후, "Pick", "Snap to Nearest Vertex"를 체크한다.

☞ 그리고 모델 공간의 좌측하단 모서리를 클릭한다.

: "plane" 블록이 이동됨을 확인한다.

☞ [그림 6]과 같이 입력하여 "plane" 블록의 위치를 이동시킨다.

: 가상의 측정면으로 설치높이를 800[mm]로 이동시킨다.

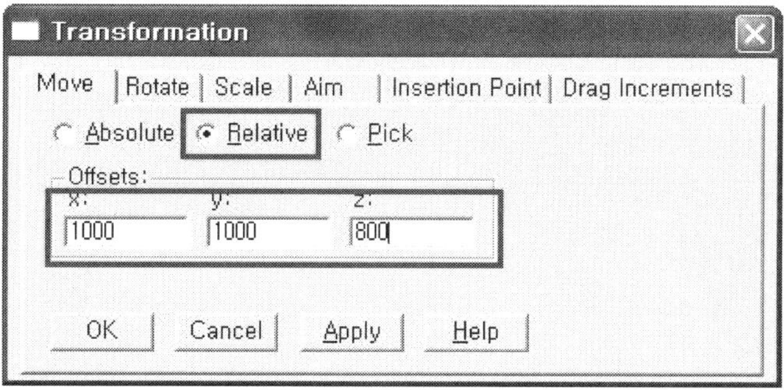

[그림 6] Transformation - 상대좌표이동

☞ [그림 7]과 같이 "plane" 블록의 크기를 조절한 후 OK를 클릭한다.

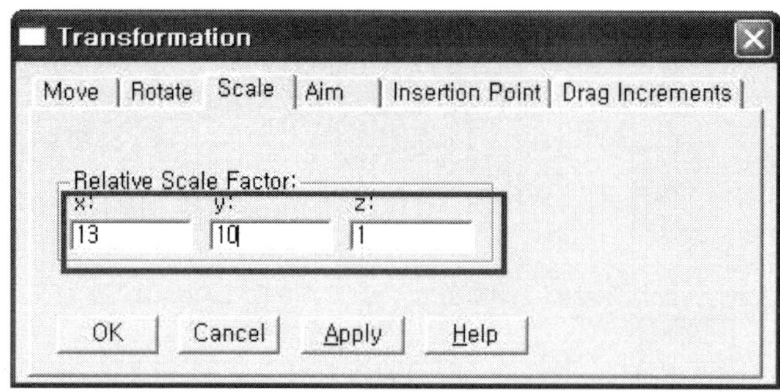

[그림 7] Transformation - 크기조절

☞ [그림 8]과 같이 (아이콘)를 선택하고, "plane" 블록을 클릭한 후 마우스 우측버튼을 클릭하여 "Surface processing"을 선택하여 [그림 9]와 같이 설정한 후 "OK"를 클릭한다.

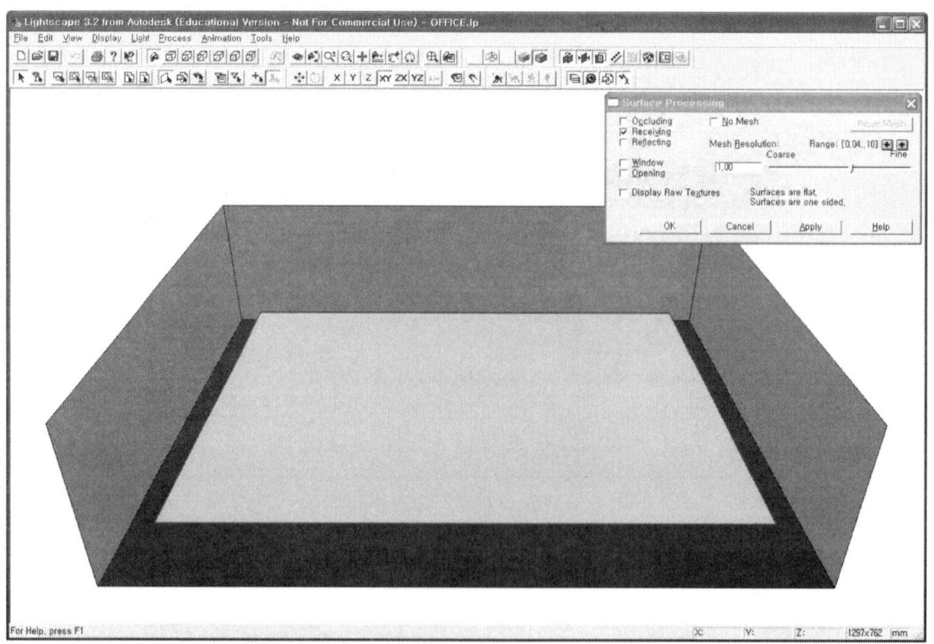

[그림 8] Surface Processing

: 빛에 대한 차단, 반사를 하지 않고 오로지 빛을 받기만 하는 가상측정면을 만드는 작업이다.

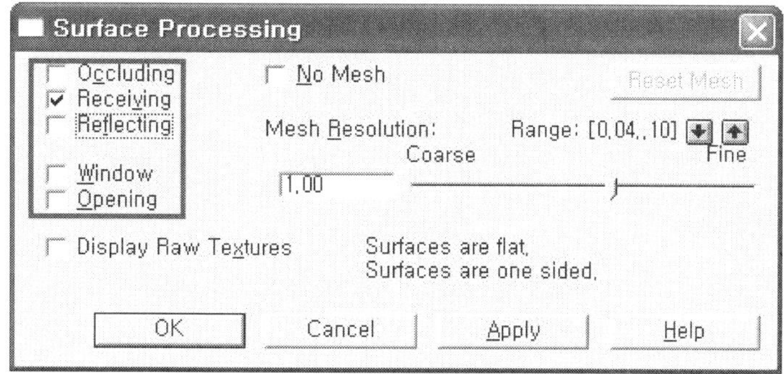

[그림 9] Surface Processing box

5. 등기구개체 불러들이기

☞ "Luminaires table"에서 마우스 우측버튼을 클릭하여 "Load"를 선택한다.

☞ 나타난 박스에서 "luminaire.blk"를 더블클릭하고, "luminaire"를 선택한 후 "OK"를 클릭한다.

: Layers table, Material table에 luminaire에 해당하는 항목이 생성된다.

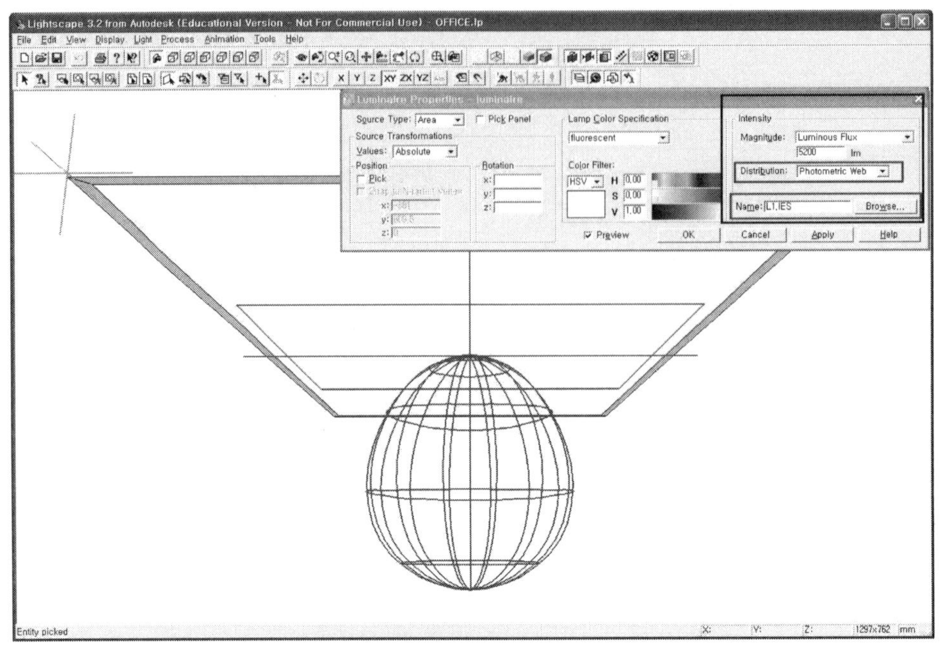

[그림 10] Luminaire Properties

☞ Layer table의 "luminaire"를 더블클릭한다. Browse를 사용하여 "L1.ies"를 입력하고 확인을 누른다.

* Blocks table 또는 Luminaires table에서 개체를 메인화면으로 드래그하여 작업할 경우에 반드시 Layers table에서 해당되는 Layer를 "Make current" 시킨 후 작업하도록 한다.

☞ "Luminaires table"에서 "luminaire"를 클릭한 채로 메인화면으로 드래그 한다.

: , 등을 이용하여 드래그된 "luminaire"의 위치를 확인한다.

☞ , (Luminaire)를 선택하고, 마우스 우측버튼을 클릭하여 [그림 11] (A)와 같이 설정한 후 모델의 좌측상단 모서리를 클릭한다.

: (Topview)를 선택하여 작업한다.

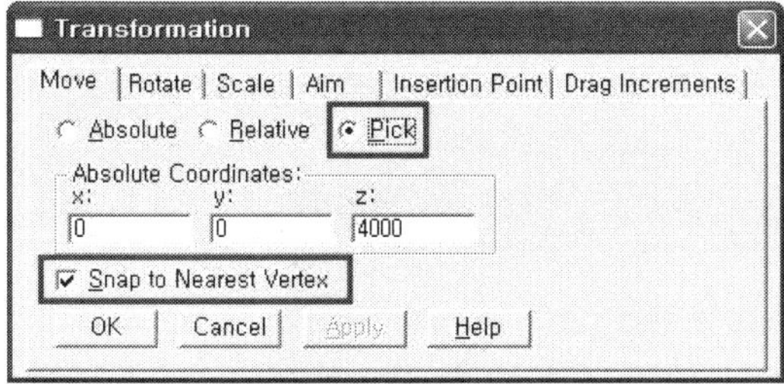

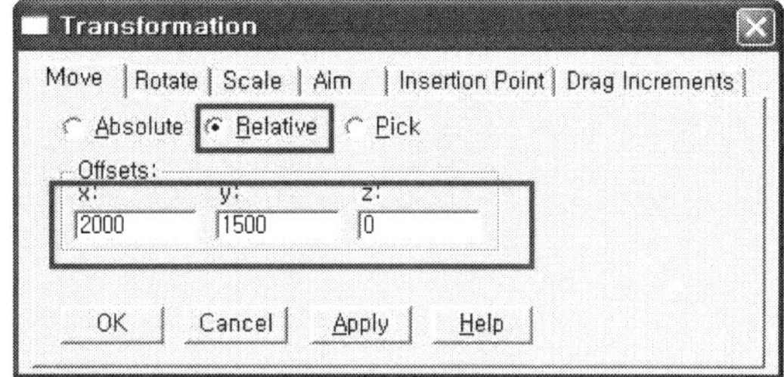

[그림 11] Transformation: (A) Pick (B) Relative

☞ [그림 11] (B)와 같이 설정하여 OK를 클릭한다.

☞ 활성화된 등기구에서 마우스 우측버튼을 클릭하여 "Multiple Duplicate"를 선택하고 [그림 12]와 같이 설정하여 OK를 클릭한다.

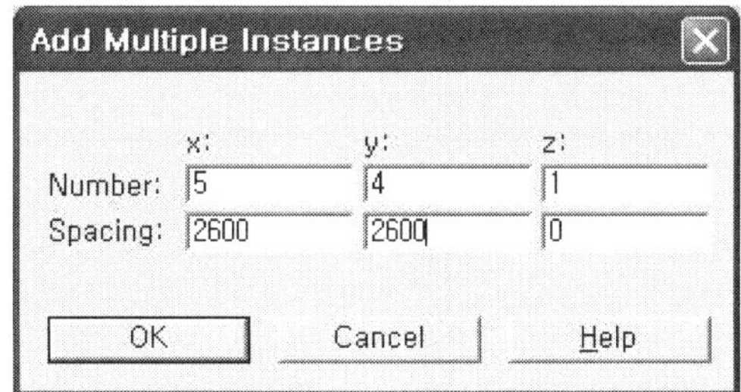

[그림 12] Multiple box

: [그림 13]과 같이 등기구가 배열됨을 확인할 수 있다.

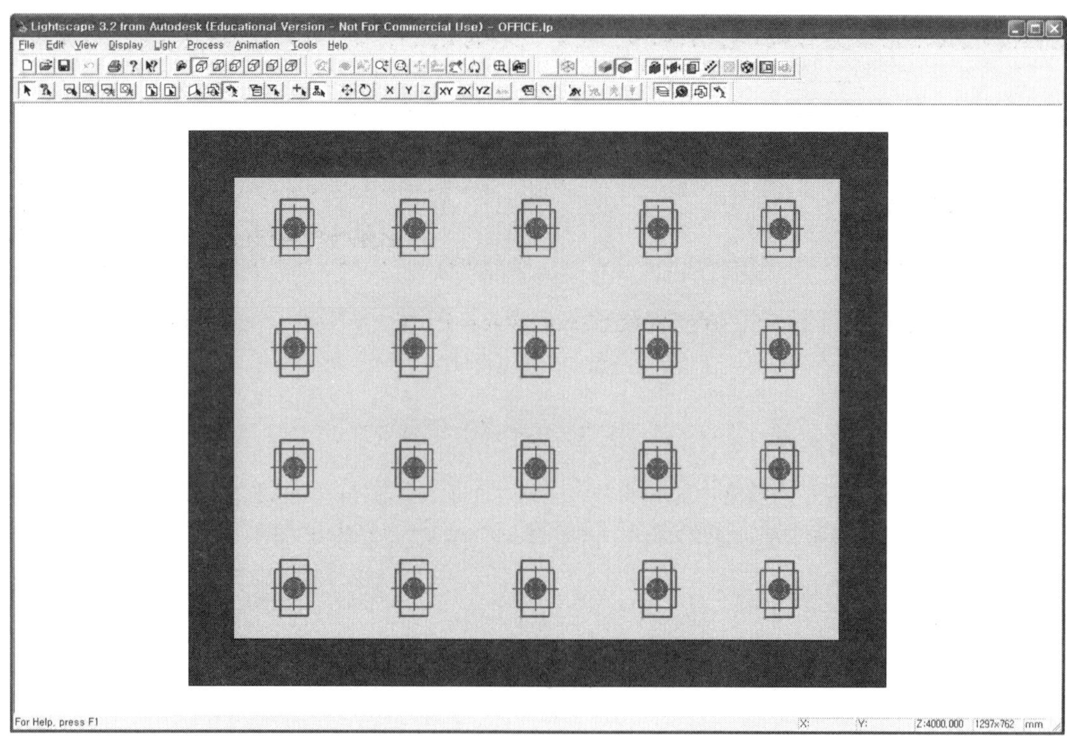

[그림 13] 등기구 배치

6. 조명계산하기

☞ [icon], [icon]를 클릭하고, [icon] Solid 버튼을 클릭한다.

☞ Process> Parameters를 선택하여 우측하단의 "Wizard"를 클릭한다.

☞ 조명계산의 정도(총 5단계)에서 3단계를 선택한 후, "다음"을 클릭한다.

☞ 주광적용에 대하여 "No"를 선택하고, "다음"을 클릭하고 "마침"을 클릭한다.

☞ "Process Parameters" 박스에서 OK를 클릭하고 박스를 닫는다.

☞ [icon]를 클릭하면 저장여부물음에 확인한다.

: 전체화면이 검게 되면, 메인화면 상단의 파일명이 "OFFICE. lp"에서

"OFFICE.ls"로 바뀐다.

☞ 를 클릭한다. 조명계산이 진행된다.

☞ 메인화면 좌측하단의 계산진행률 85[%]를 넘으면 를 클릭하여 계산을 멈춘다.

: (top view)를 클릭한다.

☞ Light> Analysis를 선택하여 [그림 16]의 (A), (B)순으로 진행한 후 "plane 블록"을 클릭하면 (C)의 결과가 나타난다.

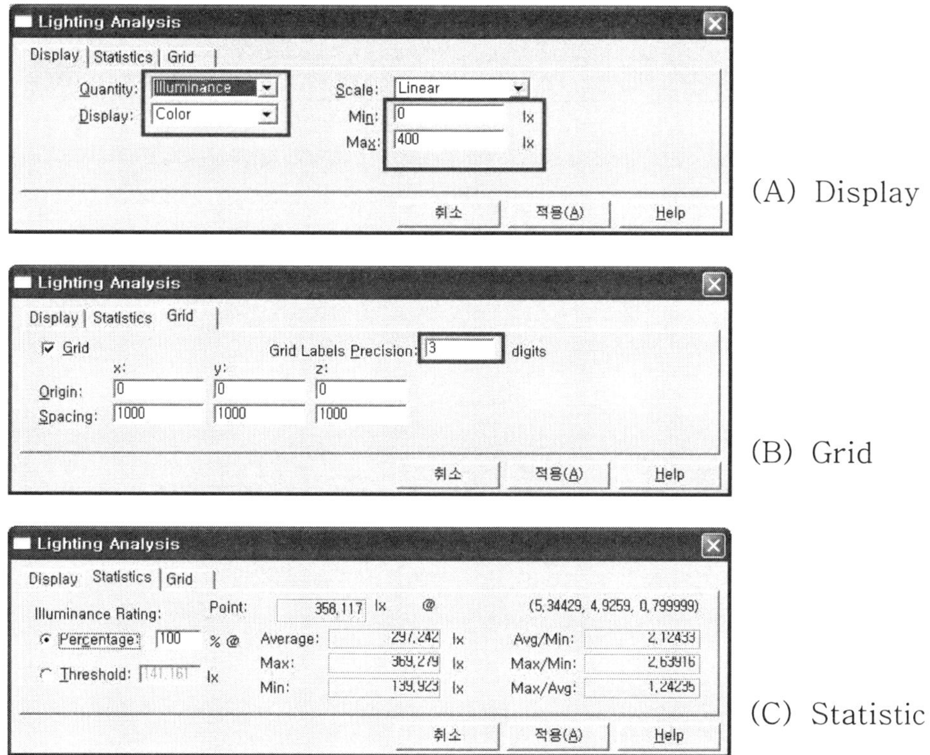

[그림 14] Lighting Analysis

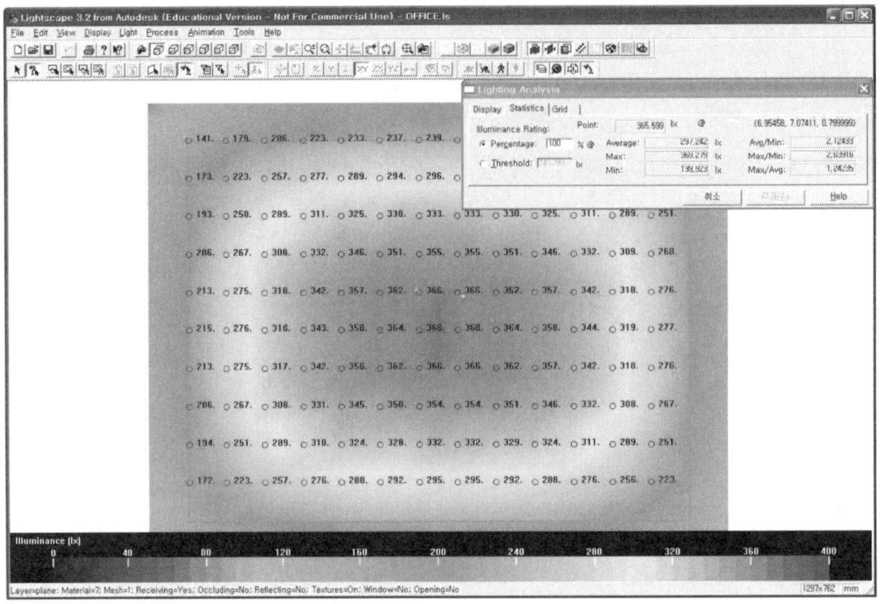

[그림 15] 조명계산 결과물 - 칼라평면도(A)

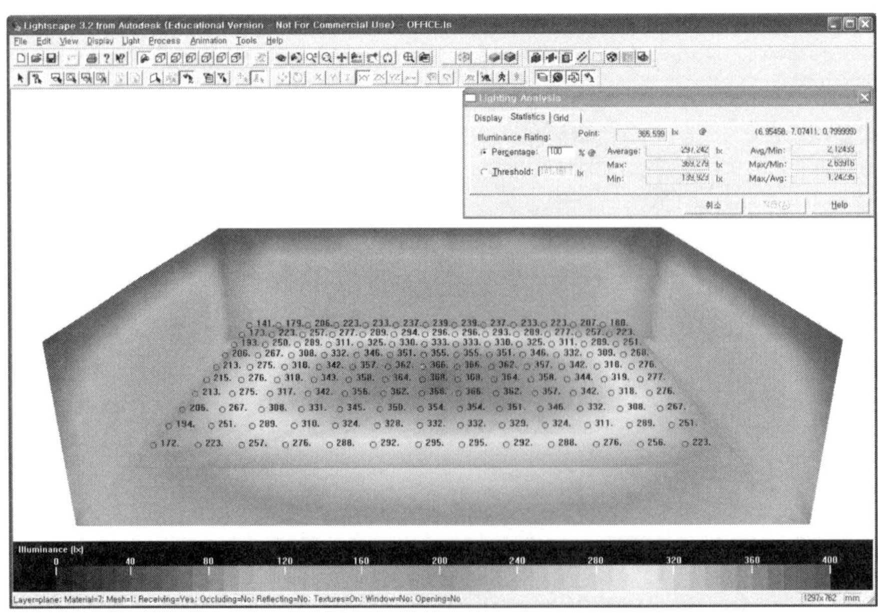

[그림 16] 조명계산 결과물 - 칼라평면도(B)

7. 조건별 결과치 비교하기

(1) 측정면과 바닥면의 결과치 비교

(2) 표면 반사율에 따른 결과치 비교

(3) 등기구 타입변경에 따른 결과치 비교

(4) 등기구 배치에 따른 결과치 비교

(5) Parameter Wizard의 단계별 결과치 비교

6장 LED 조명기술의 개요와 특성

Ⅰ. 조명기술과 에너지 특성

1. 조명부문 에너지소비량

(1) 우리나라 전기에너지 소비구조

최종 에너지소비 기준 2004년 우리나라의 총 에너지소비량은 166백만 TOE이며, 이중 16%인 27백만 TOE(312TWH)를 전기에너지가 공급하고 있다(<표 1>).

그러나 에너지 공급측면에서 볼 때 환산열량 860kcal인 1kWH를 발전하기 위해서는 약 2.9배인 2,500 kcal의 1차 에너지를 필요로 한다. 이에 따라 1차에너지 기준으로 환산한 발전용 에너지소비량은 78백만 TOE로써 우리나라 총 1차에너지 소비량 220백만 TOE의 약 35%를 사용하고 있다(<표 2>).

<표 1> 우리나라 에너지 소비구조(최종 에너지 사용기준)

석탄 (천TOE)	석유 (천TOE)	도시가스 (천TOE)	전력 (TOE)		기타 (천TOE)	최종에너지계 (천TOE)
			(천TOE)	(TWH)		
22,194	95,513	16,191	26,840	312	5,271	166,009
13%	58%	10%	16%		3%	100%

주) 1kWH = 860Kcal (출력량 기준), 에너지경제연구원(2006)

<표 2> 우리나라 에너지소비 구조(1차 에너지 공급기준)

석탄 (천TOE)	석유 (천TOE)	LNG (천TOE)	수력/원자력 (천TOE)	신탄,기타 (천TOE)	총에너지계 (천TOE)	전력 (TOE)	
						(천TOE)	(TWH)
53,128	100,638	28,351	34,144	3,977	220,238	78,023	312
24%	46%	13%	16%	2%	100%	35%	

주) 1kWH = 2500Kcal(공급량 기준), 에너지경제연구원(2006)

(2) 조명부문 에너지소비량

<표 3>은 우리나라의 대표적인 11개 광원을 대상으로 조사된 대표용량, 년간 공급용량, 시장규모, 총 보급용량 및 전력소비량이다. 11개 광원의 총 보급용량은

약 14.6GW이며, 년간 전력사용량은 약 44.5TWH로 조사되었다. 여기에 11개 광원이 전체 조명용 에너지의 80%를 소비하고, 광원을 점등하기 위한 안정기의 효율을 85%라 가정할 경우 우리나라 조명용 전력은 년간 약 66TWH로 추정된다. 이는 우리나라 총 전력소비량 312TWH의 21% 수준으로 미국의 22%와 유사한 소비구조이다.

즉, 조명부분 에너지소비량은 발전전력의 21%를, 국가 총 공급에너지의 7.4%를 사용하는 에너지 다소비 부문이라 할 수 있다.

<표 3> 조명부문 에너지소비 실태(2005, 한국에너지기술연구원)

광 원 \ 내 용		기술 특성 (산술 평균값)					공급 특성		이용 특성		
		용 량	효 율	교체수명	사용시간	가 격	공급수량	시장규모	사용수량	전력용량	전력소비
백열전구	일반형	63	14	0.62	1,577	288	52,777	152	32,526	2,060	3,248
	할로겐	60	19	0.64	3,974	2,400	19,500	468	12,411	745	2,959
	반사형	73	15	0.86	2,250	7,652	291	22	250	18	41
형광등	직관형	32	85	2.00	3,632	1,316	122,414	1,611	214,123	6,776	24,610
	둥근형	36	60	1.84	2,332	2,530	7,485	189	13,195	470	1,095
	U형	35	85	1.44	3,023	2,100	212	4	383	13	40
	콤팩트형	35	70	1.87	3,189	2,887	27,858	804	53,434	1,857	5,922
	전구형	20	62	2.14	2,149	6,529	21,556	1,407	49,526	1,004	2,158
HID	나트륨	231	110	2.13	3,637	13,255	742	98	1,706	394	1,434
	메탈	250	84	2.36	2,567	11,999	2,018	242	4,090	1,022	2,625
	수은	283	53	2.19	1,774	10,535	400	42	814	231	409
계 (평균)		102	60	1.64	2,737	5,590	255,255	5,041	382,459	14,590	44,541
단 위		[W]	[lm/W]	[년]	[시간/년]	[원/개]	[천개]	[억원]	[천개]	[MW]	[GWH/년

총전력사용량	312,096 [GWH]	2004년 기준, 에너지경제연구원
조명 총에너지	65,502 [GWH]	조명부문 총 조사대상의 80%로 가정, 안정기 효율 85% 기준
조명용 에너지 비중	21.0%	미국 약 22% (2,400 TWH / 11,000 TWH)

2. 조명부분 에너지 특성 - 낮은 효율과 큰 절약잠재량

전기를 사용하는 조명기술은

① 전기에너지를 빛으로 변환하는 광원과

② 광원이 안정적으로 빛을 발광하도록 전력을 공급하는 <u>안정기</u> 및

③ 발광된 빛을 모아 원하는 방향으로 빛을 조사해 주는 <u>등기구</u>의 3가지 요소 기술이 일체화된 시스템 기술이다.

조명시스템효율은 안정기효율(Ballast Eff.), 광원효능(Luminous Eff.), 등기구효율(Luminaire Eff.)과 빛 이용효율(Utilized Eff.)의 곱으로 얻어지며, 특이한 것은 광원의 효율단위가 백분율이 아니라 1W의 공급 전력에서 발생하는 가시광 영역의 발광량(Lumen), 즉 LPW(Lumen Per Watt)로 표현한다는 것이다. [그림 1]은 조명시스템의 구성과 각 부위별 효율관계를 도시한 것이다.

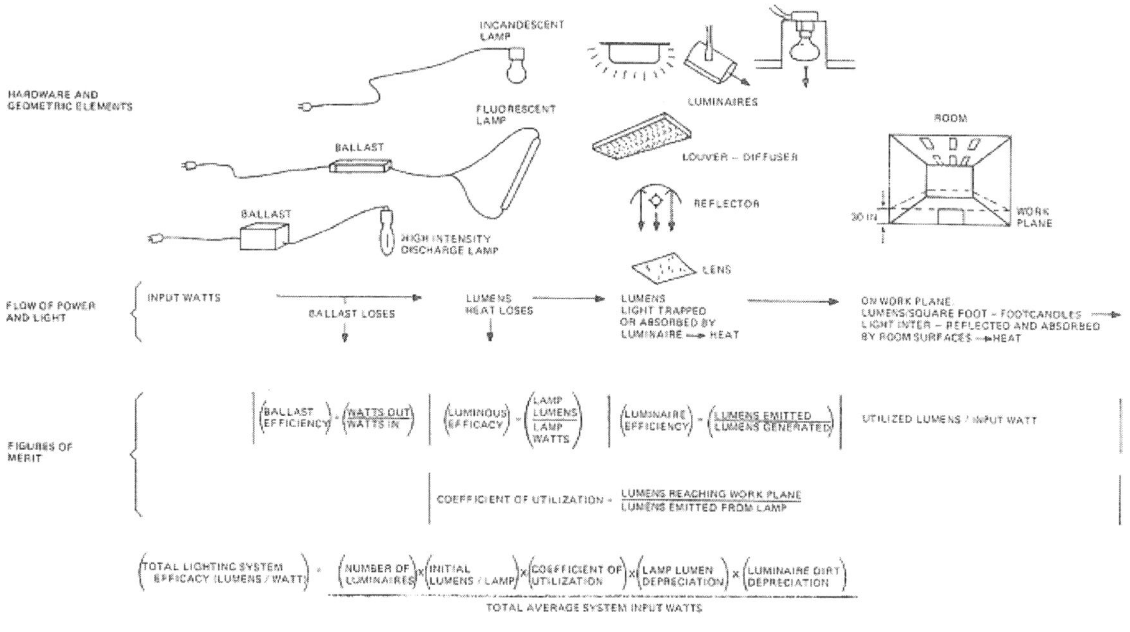

[그림 1] 조명시스템의 구성과 효율

전기 1W에서 발광하는 최대 광량은 빛의 파장(색)에 따라 다르기 때문에 여러 색이 포함된 백색광의 경우 정확한 최대 발광량의 정의가 불가능하나 백색광의 대략적 이론효율을 260lm/W이라 가정할 때 각 구성 요소별 효율수준은 <표 4>

와 같다.

즉, 조명시스템은 다른 에너지기기와는 달리 종합효율이 0.1~20%로 매우 효율이 낮은 에너지 다소비기기이다.

<표 4> 조명시스템의 효율수준

광원 효율	3.5%(백열등) ~ 35%(HID) [10~100lm/W]
안정기 효율	75%(형광등) ~ 100%(백열등)
등기구 효율	10%(지향성) ~ 90%(방사형)
빛 이용효율	5%(특정파장) ~ 90%(백색광)
조명시스템 효율 : 0.1 ~ 20%	

이렇게 낮은 조명시스템 효율은 역설적으로 에너지절약 잠재량이 매우 크다고 할 수 있다. 예로써 총전력의 약 60%를 사용하는 전동력 응용분야의 경우 전동기 효율은 이미 90% 수준에 도달하여 상대적인 효율잠재량이 작고, 또한 효율 1% 향상을 위해서는 큰 비용증가 발생한다. 반면 조명기술은 상대적으로 작은 연구개발 노력으로도 실질적으론 다른 어느 기술보다 국가에너지절약에 크게 기여해 왔다.

예로써 조명기술은 지난 10여 년간 T8/T5램프, 전자식안정기, 고조도 반사갓, 전구식 형광램프, LED 교통신호등과 같은 고효율기술이 개발되어 부분적으로 30~90%의 에너지절약을 달성하였으며, 보급률을 감안할 경우 전체적으로 10% 이상의 조명에너지가 절약되어 연간 65억kWH이상 전기에너지를 절감한 것으로 평가된다.

또한 조명기술은 시장침투력이 큰 기술로써 현재 에너지관리공단에서 운영중인 고효율 에너지기자재 인증제도의 총 34개 대상품목 중 14개(41%)가 조명부문이 차지하고 있다. <표 5>는 지난 10여년간 조명부문의 주요 에너지절약 연구개발실적이다.

<표 5> 조명부문 주요 에너지절약 연구개발 실적

품목명	기술 내용	절 전 율
안정기	고효율 방전등(형광등,HID)용 전자식안정기	자기식 대비 5~15%
등기구	고효율 반사갓 사용	일반 반사갓 대비 20%
형광램프(26mm)	고효율 세관형 T8 형광램프	T10 대비 30%
형광램프(16mm)	고효율 세관형 T5 형광램프	T10 대비 32%
전구식 형광램프	광효율 60lm/W, 수명 10,000	백열전구 대비 70%
할로겐 램프	고효율 적외 반사막 코팅	일반 전구 대비 30%
교통 신호등	고효율, 장수명, 고시인성 LED 신호등	기존 신호등대비 90%

Ⅱ. LED광원의 조명특성과 응용

1. LED 광원의 조명특성

인류의 탄생과 함께 조명기술은 태양 빛을 근간으로 횃불과 같은 불빛으로 부터 백열전구와 형광등으로 대표되는 방전등까지 발전되어 왔다.

20세기 말 반도체기술의 급진전으로 지금까지의 빛의 개념에서 벗어나 마법의 돌에서 빛이 발생하는 기술을 발명하였으며, 최근 조명용으로 충분히 밝은 반도체 발광다이오드(LED, Light Emitting Diode)가 개발되면서부터 이를 응용한 조명기술을 고체형태의 반도체광원 조명이라는 뜻의 반도체조명(SSL, Solid State Lighting)이라 하여 미래의 신 조명기술로 부각되고 있다.

현재 LED광원의 독특한 발광특성을 응용하여 기존의 지시용 조명기기 분야에 빠른 속도로 침투하고 있으며, 2020년에는 일반 형광등조명기기에도 폭넓게 사용되리라 예측하고 있다. [그림 2]는 조명용 광원의 진화과정을 보인 것이다.

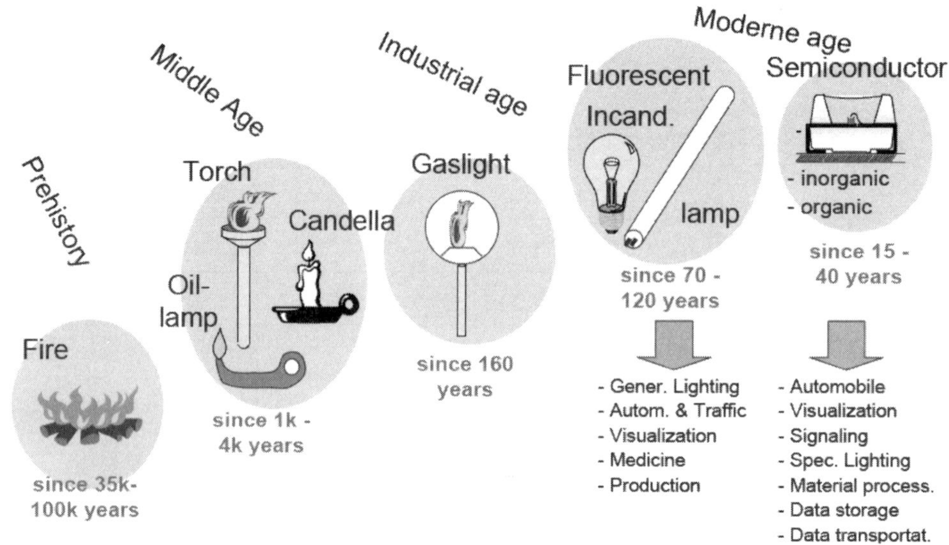

[그림 2] 조명용 광원의 변천사

<표 6>은 기존 광원과 LED 광원의 전형적인 조명특성을 비교한 것으로 LED 광원의 주요 조명특성을 요약하면 다음과 같다.

<표 6> 기존 광원과 LED광원의 조명특성 비교

Type		Rated power (W)	Total flux (lm)	Lamp eff. (lm/W)	Ballast eff. (%)	Color temp. (K)	CRI (Ra)	Life time (h)	Power range (W)
Incande-scent	Standard	60	810	14	100	2,850	100	1,000	10 ~ 100
	Tungsten Halogen	100	1,600	16	100	2,900	100	1,500	60~500
Fluore-scent	Standard	37	3,100	84	78.6	4,200	61	12,000	4~40
	CFL	36	2,900	81	77.8	5,000	84	7,500	4~96
High Intensity Discharge	Mercury	400	22,000	55	94.5	3,900	40	12,000	40~2000
	Metal Halide	400	32,000	80	95.0	4,300	70	9,000	100~1000
	High P. Sodium	360	36,000	100	92.0	2,150	60	12,000	220~660
LED		1	20	20	85.0	–	–	20,000	< 5

① 구조적으로 기존의 광원과는 달리 단단한 고체형태의 작은 점광원으로써 유리전극, 필라멘트 및 수은(Hg)을 사용하지 않아 매우 견고하고, 수명이 길며, 환경 친화적이다. 이에 따라 LED를 사용하는 조명기술을 기존 조명기술과 다르게 고체형태의 단단한 구조의 광원을 사용하는 반도체조명기술이라 부른다.

② 광학적으로 선명한 단색광을 발광하여 연색성이 나쁜 반면 특정색(또는 특정파장)을 필요로 하는 조명기구에 적용 시 빛 손실이 매우 작고 시인성이 향상되며, 지향성 광원으로써 등기구 손실을 크게 줄일 수 있다. 또한 현존하는 어느 광원보다도 조광제어 능력이 우수하여 다양한 색의 연출이 용이하다.

③ 전기적으로 직류 구동광원으로(다이오드 특성상 교류도 가능) 특정전압 이상에서 점등을 시작하고 점등 후에는 작은 전압변화에도 민감하게 전류와 광도가 변화한다. 또한 주위온도에 따라 정격전압이 변화하므로 정전압으로 구동시 환경 적응특성이 매우 열악하게 되어 원칙적으로 정전류원으로 구동하여야 한다. 이에 따라 LED 조명기기를 안전하게 점등시키기 위해서는 LED램프 특성에 맞는 전용 전원공급장치(Ballast)가 요구된다.

④ 환경적으로 온도상승 시 허용 전류와 광 출력이 감소하고 많은 열이 발생하는 등 주위온도 및 동작온도 변화에 대해 매우 민감하게 동특성이 변화한다. 만약 허용치 이상의 전류가 흐를 경우 수명이 대폭 감소하고 성능이 크게 저하되므로 전용 전원공급장치 외에 적절한 열처리 기술이 필요하다.

(1) 전기적 특성

LED는 빛을 내는 다이오드로(Diode)로서 다이오드의 특성상 전기적 극성이 일치하고 일정전압 이상에서 급격히 전류가 증가하며, 밝기는 전류의 크게에 정비례하는 독특한 특성을 지니고 있다.

단일 LED의 정격 구동전압은 발광 색(사용하는 반도체 종류)에 따라 변화하며, 주위온도에도 미세하게 변화한다. 일반적으로 2~4V의 매우 낮은 전압에서 동작한다.

(2) 열적 특성

LED광원은 기존 광원(백열등, 형광등)과는 달리 흐르는 전류가 일정하더라도 접합부위의 온도가 낮을수록 광출력과 광효율이 향상하는 특성을 지니고 있다. 이는 온도가 높을수록 광출력과 광효율이 저하된다는 의미로 필요시 조명성능을 향상시키기 위해서는 접합부에서 발생된 열을 적절히 방출하여야 한다.

이때 접합부 온도에 영향을 주는 요인은 다음과 같다.

- 주변의 온도
- LED에 흐르는 전류의 크기
- LED 내부와 주위의 방열기구(heat sink)

(3) 광학특성과 광변환효율

LED 반도체는 본질적으로 방향성 광원은 아니나 구조적으로 불투명성 요소(기판, 전극, 방열기 등)에 의한 빛의 손실을 최소화한 광학적 디자인으로 작은 반사경과 엑폭시 렌즈를 사용하여 전면에 빛 모아 발산하는 구조를 사용하고 있다. 이에 따라 패키징된 LED 램프는 방향성을 가지고 있으며, 광학특성도 이러한 구조에서 측정하는 것이 일반적이다.

광변환효율(LPW)은 반도체기술의 발전과 병행하여 1990년대 이후 매 18개월 주기로 약 2배 향상되고 있으며, 현재 실험실적으로 100 lm/W이상 보고되고 있다. 그러나 양산되는 상용제품은 30~40 lm/W 수준이다.

이는 백열전구 광변환효율 10~15 lm/W의 약 2.5배, 형광등의 광변환효율 70~80 lm/W의 약 1/2에 해당하는 것이다. 즉, LED는 현재 사용하는 대표적인 광원들과 비교하여 여전히 낮은 광 변환효율을 갖고 있으나 특정 파장대(색)을 발광하는 독특한 조명특성으로 현재도 지시용 조명기기에 적용하여 80~90%이상의 에너지절약효과를 입증하고 있다.

2020년 경으로 예측하고 있는 200 lm/W 실현시 에너지절약 뿐만 아니라 지구환경 보호측면에서 LED 광원이 모든 조명기기의 주요 광원으로 사용될 것으로 예상하고 있다.

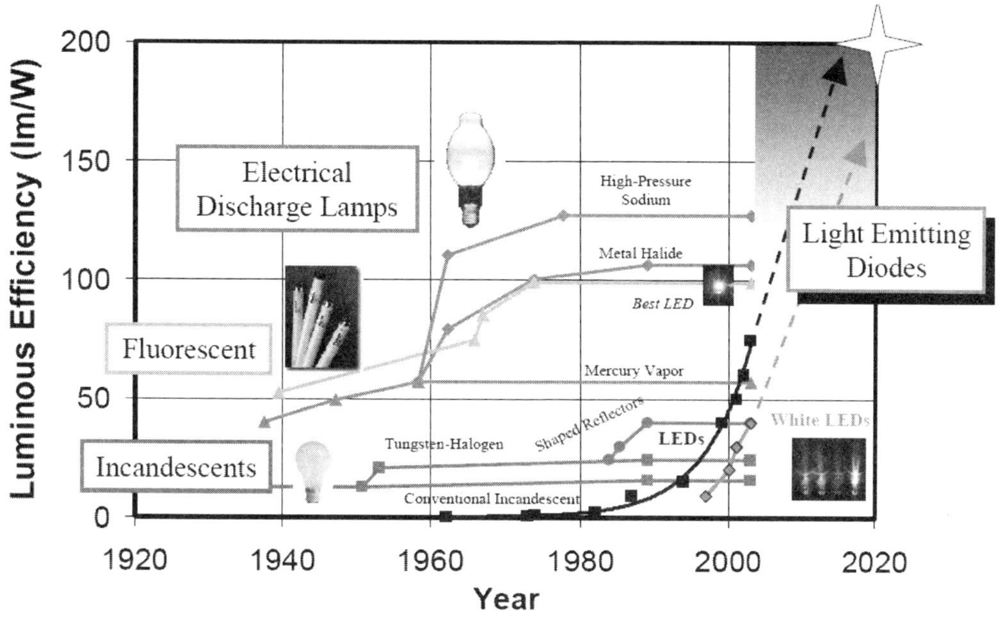

[그림 3] LED 광원의 발광효율(LPW) 향상 추이

(4) 구조적 특성과 수명

LED는 필라멘트와 전구가 없는 단단한 고체상태 발광소자로서 적절한 전원공급과 방열기를 사용할 경우 10만 시간 이상 사용해도 소손없이 점등상태를 유지할 수 있다. 이에 따라 일부에서는 LED를 반영구적인 광원이라 하기도 한다.

그러나 모든 광원은 시간이 지날수록 광출력이 점점 감소하는데, 초기 광도의 80%까지는 사람이 잘 느끼지 못하며[Boyce 2002], 이러한 기준으로 평가할 때 LED의 수명은 현재 약 40,000~50,000시간으로 평가된다. 이는 백열전구의 1,500시간, 형광등의 8,000시간에 비해 LED는 수명이 매우 긴 장수명 광원이다.

2. LED광원의 응용특성

(1) 좁은 파장대의 단색광 발광과 높은 시인성

LED는 전구와 같이 필라멘트 발열부가 없이 사용하는 반도체 종류에 따라 결정되는 좁은 파장대의 단색광을 발광하므로 특정한 색을 요구하는 조명기구에 적용할 경우 탁월한 조명성능과 유효 발광효율을 기대할 수 있다.

현재 통용되는 LED의 발광효율은 30~40lm/W으로 백열전구의 2.5배 수준이나, 각종 신호용 조명기구에 적용하여 90% 이상의 경이적인 에너지절약효과를 발휘하고 있다.

예로서 15 lm/W의 백열전구를 사용하는 신호등의 경우 적색 투과율은 오직 10%로 적색을 기준으로 한 발광효율은 1.5 lm/W로 90% 감소하는 반면 LED는 선명한 적색 그 자체를 30lm/W이상 발광하기 때문에 전구식에 비해 90% 이상의 에너지절약이 가능하게 된다. 이밖에 LED를 교통신호등에 적용함으로써 장수명에 따른 유지보수비용 75% 절감, 시인성 향상에 따른 교통사고 저감 등이 기대된다. 주요 응용분야로는 LED 교통신호등을 비롯하여 항공장애등, 비상구, LED 등명기 등이 있다.

[그림 4] LED 교통신호등과 해상용 등명기

(2) 용이한 광 출력 제어와 빠른 응답

LED의 광 출력을 제어하기 위해서는 전원전압(전류)을 제어하는 방법과 전원전압을 일정하게 유지하면서 펄스 폭을 변조하는 방법이 있다. 일반적으로 신호등과 같이 단순한 조명장치는 전압(전류)제어 방식을, 전광판과 같이 다양한 밝기와 색을 연출하여야하는 복잡한 조명장치는 디지털 기술을 이용한 펄스 폭 변조방식을 사용하고 있다. 기존 백열전구의 경우 빛을 발광하기 위해서는 전원 공급 후 필연적으로 필라멘트가 가열되는 시간이 필요하게 되며, 통상 2/10초 이상 소요되는 것으로 보고되고 있다. 이에 반해 LED는 전원 공급과 동시에 전자와 양 전하의 결합하여 순간적으로 빛을 발광하게 된다. 이러한 순간 점등특성을 이용하여 특수 조명기구에 응용할 경우 큰 효과를 기대할 수 있다.

예로써 자동차의 브레이크등(적색)에 적용할 경우 반사경을 사용하지 않아 컴팩트하게 다양한 모양으로 설계가 가능하며, 폐차 시 까지 램프의 교환 없고 소비전력을 1/10로 줄일 수 있는 장점 외에 빠른 점소등 응답으로 교통안전에 크게 기여하는 것으로 평가되고 있다. (시속 100km/h 차량의 경우 전구식 보다 5.5m 앞에서 감지 가능)

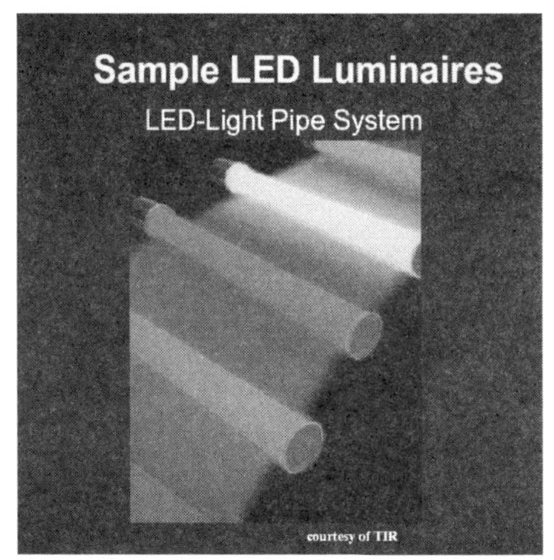

[그림 5] 다양한 색 연출과 자동차 브레이크 램프

(3) 지향성 – Task lighting

LED 램프는 반사 컵과 에폭시 렌즈의 구조 등에 의해 배광특성이 결정되며, 최대 광도를 발산하는 광축방향을 중심으로 좌우각도에 따라 광도가 감소한다. 이때 중심 축 방향의 최대광도의 50%되는 각도를 반치각 또는 가시각($\varDelta\theta$)이라 하며, 최대광도와 더불어 LED의 발광효율을 결정하는 중요한 요인이다. 동일 광량에서는 반치각이 클수록 중심 축 광도는 작아진다.

[그림 6]의 왼쪽은 등기구에 의한 광원의 빛 이용특성을 보인 것으로 100lm/W의 HID램프의 경우 기구효율 40%, 50lm/W의 LED의 경우 기구효율 80%로 실질적으로 같은 40lm/W의 빛을 이용하고 있음을 알 수 있다. 이는 LED 광원의 효율이 1/2로 낮다고 하더라도 등기구 효율이 2배로 높아 실질적인 조명효율이 같다는 것을 보인 것으로 단순히 광원효율이 높다고 하여 조명효율이 높지 않은 것을 보여주는 사례이다. [그림 6]의 오른쪽은 LED 램프의 지향특성을 응용한 사례이다.

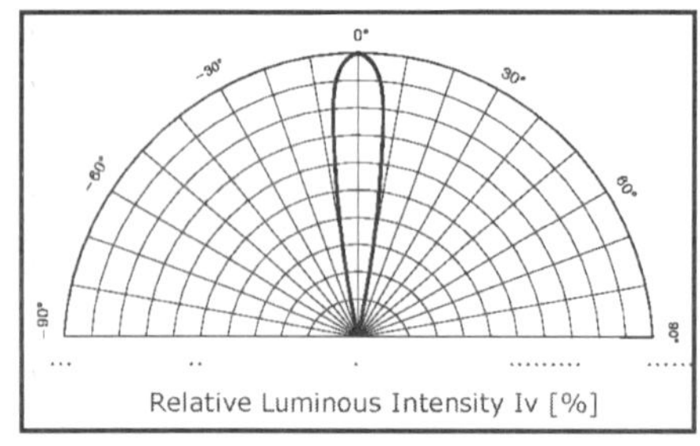

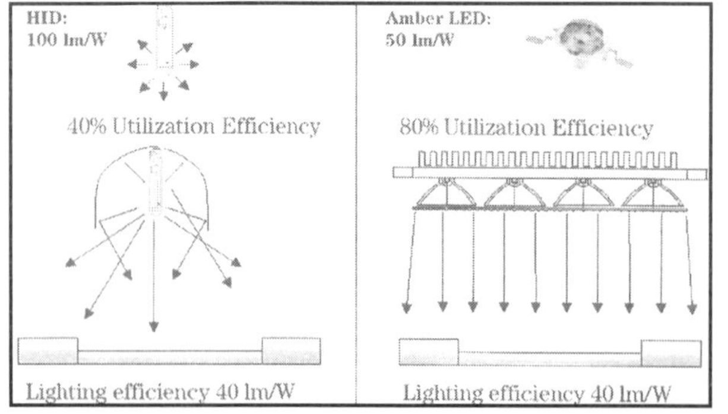

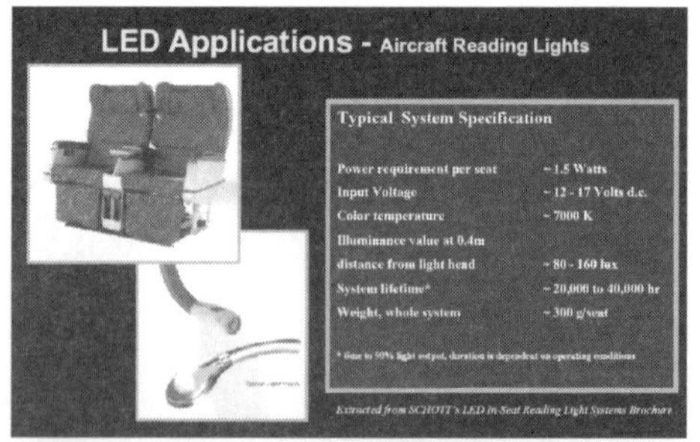

[그림 6] LED 램프의 지향특성과 등기구 효율비교 및 지향특성 응용사례

(4) 낮은 UV / IR

가시광선의 좁은 파장대를 발광하는 LED 광원은 적외선과 자외선 방출에 의한 대기로의 열전달은 거의 없는 반면 접합부위에서 큰 열 발생한다. 이러한 열 발생은 LED 성능을 크게 좌우 하므로 조명시스템 설계 시 열처리 기술은 매우 중요한 요인의 하나로 고려된다. <표 7>은 입력전력에 대한 주요 광원의 광 출력, IR/UV 출력, 열 발생, 안정기 손실에 대한 비율로써 기존 광원의 경우 IR 발생 비율이 높은 반면 LED의 경우 열 발생비율이 높은 것을 알 수 있다.

IR과 UV가 적다는 것은 빛에 의해 피사체에 전달되는 에너지가 적다는 의미로 외부로 적절히 열을 방출할 경우 박물관 조명, 냉동냉장고의 내부 조명에 우수한 효과를 기대할 수 있다. 예로써 현재 형광등을 주로 사용하는 냉장 쇼 케이스의 경우 짧은 수명에 깨지기 쉽고, 불균일한 조도와 열 전달 등이 문제되나 LED를 사용할 경우 작은 점광원을 균일하게 분배하여 조도를 균일하게 유지하기 용이하고, 내부의 적은 열전도로 냉장효율을 증가 시킬 수 있다. 또한 형광등의 경우 저온에서 광 출력이 25% 감소하는 반면 LED는 광 출력이 증가하여 광 이용효율 향상이 기대된다.

<표 7> 광원의 에너지 출력 비교

Lamp Type	Light	IR	UV	Heat	Ballast
Incandescent(100W)	10	72	-	18	-
Fluorescent(40W)	20	33	-	30	17
Fluorescent(40W excluding ballast)	24	40	-	36	-
Mercury(400W)	15	47	2	27	9
Metal halide(400W)	21	32	3	31	13
High-pressure sodium(400W)	30	35	-	20	15
LED	15	-	-	60	25

(5) LED의 파장별 응용분야

LED광원의 가장 큰 특징은 어느 기존광원과 달리 특정파장의 단색광을 발광한다는 것이다. 이는 지금까지의 조명기술이 백색광에서 출발하여 빛을 직접 또는 파장별로 분해하여 이용하는 방식과 달리 LED 조명기술은 파장별로 분해된 빛을 직접 또는 결합하여 이용하는 방식으로 조명기술의 근본적 개념이 변화되고 있다. 이에 따라 LED 조명기술을 21세기 빛의 혁명이라고 불리기도 한다.

[그림 7]은 LED 광원의 발산 파장별 주요 응용 분야를 보인 것이며, 현재 광원의 성능향상과 병행하여 폭 넓게 응용분야가 확대되는 추세이다.

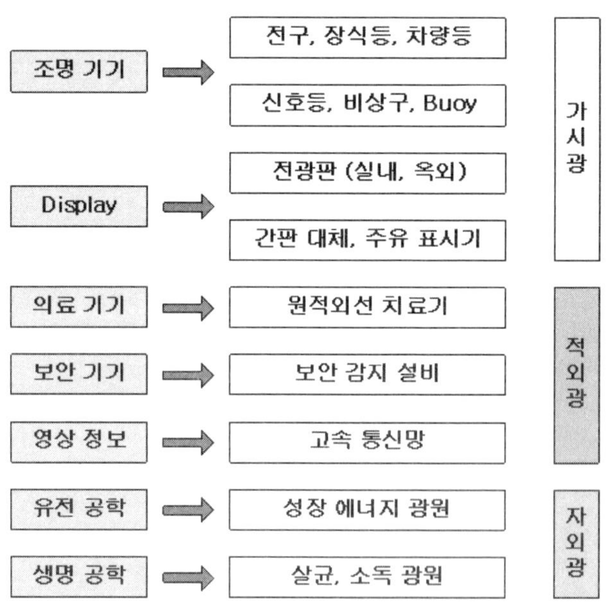

[그림 7] LED광원의 파장별 응용분야

Ⅲ. LED광원 조명응용 사례분석

1. LED 교통신호등

우리나라 교통신호등 수는 2005년 1/4분기 기준 약 40만조, 총 114만등이며, 평균 점등율은 약 37%로 조사되었다.(<표 8>)

광원별 보급비율은 100W백열전구를 사용하는 전구식 신호등이 79.4%, LED 신호등이 20.6%이며, 년간 약 305GWH의 전기에너지를 소비하고 있다.(<표 9>)

<표 8> 우리나라 교통신호등 보급현황

대분류	보급수량 (조)	신호등(램프) 수		점등율 (%)
		1조당 등수	전체 등수	
차량 3색등	109,308	3	327,924	33%
차량 4색등	118,344	4	473,376	25%
보조 2색등	10,536	2	21,072	50%
보조 3색등	8,020	3	24,060	33%
경보등	41,883	2	83,766	50%
보행등	105,280	2	210,560	50%
계(평균)	393,371	-	1,140,758	37%

주1) 보급 수량 : 2005년 1/4분기 기준 ('05.08.31. 총 418,143조)

주2) 점등율 : 신호등의 평균 점등시간 비율

<표 9> 우리나라 광원별 교통신호등 보급 및 전력소비량

신호등용 광원	보급율 (%)	보급 수량 (개)	소비전력 (W)	전력용량		년간 전력 소비량(GWH)
				보급 (MW)	순시 (MW)	
백열전구	79.4%	905,762	100	90.6	34.0	297.5
LED	20.6%	234,996	10	2.3	0.9	7.7
계(평균)	100.0%	1,140,758	81.5	92.9	34.8	305.2

주1) 보급율 : 2005년 8월 31일 기준

주2) 소비전력 : 정격용량 기준

주3) 순시 전력용량 : 신호등용으로 항시 점등되어 있는 전력용량

기존의 100W 백열전구를 사용하는 전구식 신호등은

① 빛 이용효율이 낮고 365일 24시간 점소등에 따른 많은 전기에너지 소비, 첨두부하 증가(전력수요관리 불가)의 원인이 되고,

② 수명이 짧아 잦은 유지보수와 교통흐름에 장애를 유발하며,

③ 착색렌즈와 반사경을 사용하여 빛 이용이 크게 저하하고,

④ 상대적으로 나쁜 시인성과 Sun Phantom 효과로 교통사고 증가 등 비효율적인 광원이라 할 수 있다.

이에 반해 LED 신호등은

① 양호한 반복점등과 충격특성의 장수명으로 유비보수비 절감,

② 반사경, 소켓, 착색렌즈가 필요치 않아 소형화 및 빛 이용효율 향상

③ 특정파장대의 선명한 단색광 발광에 의한 시인성 향상과 교통사고 저감

등의 특성으로 전구식 신호등 대비 90%이상의 에너지절약 뿐만 아니라 유지보수비 경감, 교통환경 개선에도 크게 기여하고 있다.

교통신호등의 규격은 특성상 모든 국가에서 엄격히 관리하고 있으며, 우리나라의 경우 2001년 기존 신호등규격과는 별개로 세계 최고 수준의 "한국형 LED 교통신호등 규격"을 개발하여 2002년부터 제도화 보급 중에 있다. 한국에너지기술연구원에서 개발한 "한국형 LED교통신호등 규격"의 주요 특징은

① 삼색동일 광도기준 채택 (차량용 중심축 기준 340cd)

② 무색 투명렌즈 채택으로 팬텀효과 억제

③ 설치환경과 LED의 동특성을 고려한 허용 광도변화율 규정(±20%)

④ 최대 소비전력 제한 (차량용 10W, 보행용 8W)

⑤ 무상 보증기간 3년 의무화

등으로 요약된다.

1개 교차로(차량등 32개, 보행등 16개 총 48개 기준)를 LED 신호등으로 교체시 월간 절전량은

90W X 33%(점등율) X 24시간 X 30일 X 48개 = 1,040kWH

로 약 4 가구에서 사용하는 전력량에 해당한다.

우리나라의 2005년 기준 LED 교통신호등의 절전실적은 69GWH이며, 추가 절전 잠재량은 년간 270GWH로 추정된다(<표 10>). 이를 전력요금으로 환산하면 년간 69억원의 전기료를 이미 절감하고 있으며, 추가적으로 년간 270억원의 전기료를 절감할 수 있는 막대한 금액이다(100원/kWH 기준).

<표 10> LED 교통신호등 절전실적 및 절전 잠재량

대표용량 (W)	LED 보급	전력용량 감소		년간 전기절약	
	수량(개)	보급(W)	순시(W)	전력량(GWH)	요금(억원)
실적	234,996	90.0	33.7	69	69
잠재량	905,762			268	268

주1) 년간 전기요금 절감액 : 전력요금 100원/kWH기준

<표 11>은 1개 신호등 교체시의 효과를 분석한 것이며, <표 12>는 LED 교통신호등의 경제적 회수기간을 분석한 것이다. 분석결과 회수기간이 0.42년 (약 5개월)로 경제성 매우 좋은 것으로 분석되었다.

<표 11> LED 교통신호등 1등 교체시 효과분석

분석 항목			분석 데이터	단위
1개 신호등 교체	초기 추가 비용, 주1)		40,000	원
	효과 분석	정격 소비전력 감소, 주2)	90	W
		절전율	90%	%
		순시 전력용량 감소, 주3)	30	W
		발전설비 회피비용, 주4)	6,214	원/년
		년간 절전량	263	kWH/년
		년간 전기요금 절감, 주5)	25,164	원/년
		년 CO_2 배출 저감량, 주6)	111	kg-C/년
		년CO_2 처리비용저감, 주7)	20,057	원/년
		년 유지보수비 절감, 주8)	44,531	원/년
		교통사고 저감비용, 주9)	0	원/년

주1) LED신호등 100000[원/개] / 전구식 신호등 60000[원/개] 기준
주2) LED신호등 10[W/개] / 전구식 신호등 100[W/개] 기준
주3) 점등율 1/3 기준
주4) LNG복합 회피비용 = 207141[원/kW-년] (5차 장기전력수급계획)
주5) 전력요금(정액제) = 23.3[원/W/월] 기준
주6) 전력-CO_2 환산계수 = 0.424[kg-C/kwh]
주7) CO_2 처리비용 = 200[$/Ton-C] (900[원/$] 기준)
주8) 유지보수비 75% 절감, '99년 경찰청 자료 : 475억원/80만개
주9) 시인성 향상에 의한 20~50% 교통사고 저감 보고, 금액 환산은 무시

<표 12> LED 교통신호등의 경제적 회수기간

보급실적	총 신호등 수, 주10)		1,140,758	개
	LED 신호등 보급실적		234,996	개
	LED 신호등 보급율, 주11)		21%	%
잔여 신호등 교체	초기 추가 비용		362	억원
	효과 분석	정격 소비전력 감소	82	MW
		절전율	90%	%
		순시 전력용량 감소	27	MW
		발전설비 회피비용	56	억원/년
		년간 절전량	238	GWH/년
		년간 전기요금 절감	228	억원/년
		년 CO_2 배출 저감량	100,927	Ton-C/년
		년CO_2 처리비용저감	182	억원/년
		년 유지보수비 절감	403	억원/년
		교통사고 저감비용	0	억원/년
경제적 회수기간			0.42	년

주10) 총 신호등 수량 = 2005년 1/4분기 기준

주11) LED 신호등 보급율 = 2005년 8월 31일 기준

주12) 회수기간 = 초기 추가비용 / 년간(발전설비회피 비용 + 전기요금절감 비용 + CO_2 처리저감 비용 + 유지보수저감 비용+교통사고저감 비용)

2. LED 문자형간판

문자형간판은 일반적으로 지상에서 높은 곳에 설치되어 글자형태로 정보를 전달하는 전기사용간판으로 대부분 광 이용효율과 시인성이 낮고, 수명이 짧으며, 환경오염이 큰 네온램프와 형광등을 사용하고 있다. 그러나 최근 LED 기술의 급진전으로 문자형간판에 LED광원을 적용하고자 시도되고 있으며, 적용결과 국내외적으로 80%이상의 에너지절약이 가능한 것으로 보고되고 있다.

[그림 8]은 한국에너지기술연구원에 설치된 36W PL형광등 140개를 사용하는 대형 문자형간판으로 순간 소비전력이 5kW이었으나, LED광원으로 교체시 소비전력이 800W로 감소하여 84%의 에너지가 절감된 사례를 보인 것이다.

[그림 8] LED 문자형간판 설치사례(5kW ⇨ 800W, 한국에너지기술연구원)

우리나라 네온/형광등 문자형간판의 총보급용량은 417MW, 연간 소비전력은 1,371GWH이며, 이를 LED 문자형간판으로 교체시

- 초기 설치비용은 약 1,500억원 증가(23%)하는 반면
- 년간 소비전력은 246GWH로 감소하여 1,125GWH의 절전(82%)

이 가능한 것으로 평가되었다. 이를 전기요금으로 환산하며 년간 1,125억원에 해당하는 것으로 단순히 전력요금 절감을 반영한 경제적 회수기간은 약 1.3년으로 분석되었다.

<표 13> LED 문자형간판 교체시 년간 에너지절약량 분석

광원	년 공급			총 보급			전력 소비량 (GWH/년)
	용량 (MW)	면적 (만m^2)	가격 (억원)	용량 (MW)	면적 (만m^2)	가격 (억원)	
네온/ 형광등	105	22	1,489	417	96	6,380	1,371
LED	17	22	1,800	75	96	7,876	246
절감량	88	-	- 311	**342**	-	- 1,496	**1,125**
절감율	*84%*	-	*-21%*	***82%***	-	*-23%*	***82%***

3. LED 비상구(유도등)

유도등이란 화재, 정전 등 비상시 대피용 표시등으로 피난구 유도등과 통로 유도등으로 구분되며, 정상상태에서는 상용전원에 의해 점등되고, 정전상태에서는 내장된 축전지에 의해 자동 점등되는 조명기구이다.

기존의 형광등 유도등은 자기식 안정기와 계전기를 사용하여 소형 형광등을 점등하고 전원을 전환하도록 구성되어 있으며, 소비전력이 크고, 짧은 광원수명과 잦은 유지보수, 대형 중량화, 유지보수측면에서 경제적 비용상승의 등의 단점이 있다.

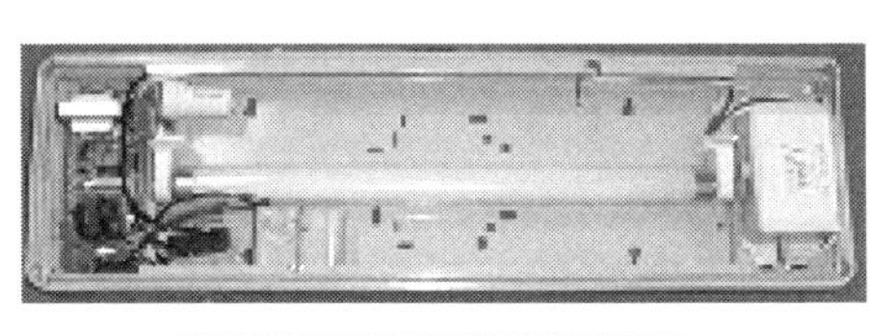

❖ 피난구 유도등

❖ 통로 유도등

[그림 9] 형광등 유도등의 구조와 종류

이에 반해 LED 유도등은 형광등 유도등의 단점을 극복하고 시인성 향상으로 비상시 유도기능의 향상이 가능하여 미국과 유럽지역을 중심으로 폭넓게 보급되고 있다. [그림 10]은 현재 우리나라와 미국에서 보급되고 있는 LED 유도등이며, [그림 11]은 미국에서 고효율 LED 유도등 확대 보급을 위한 에너지스타 프로그램이다.

[그림 10] 우리나라(도광판 방식)와 미국의 소형 통로 LED 유도등

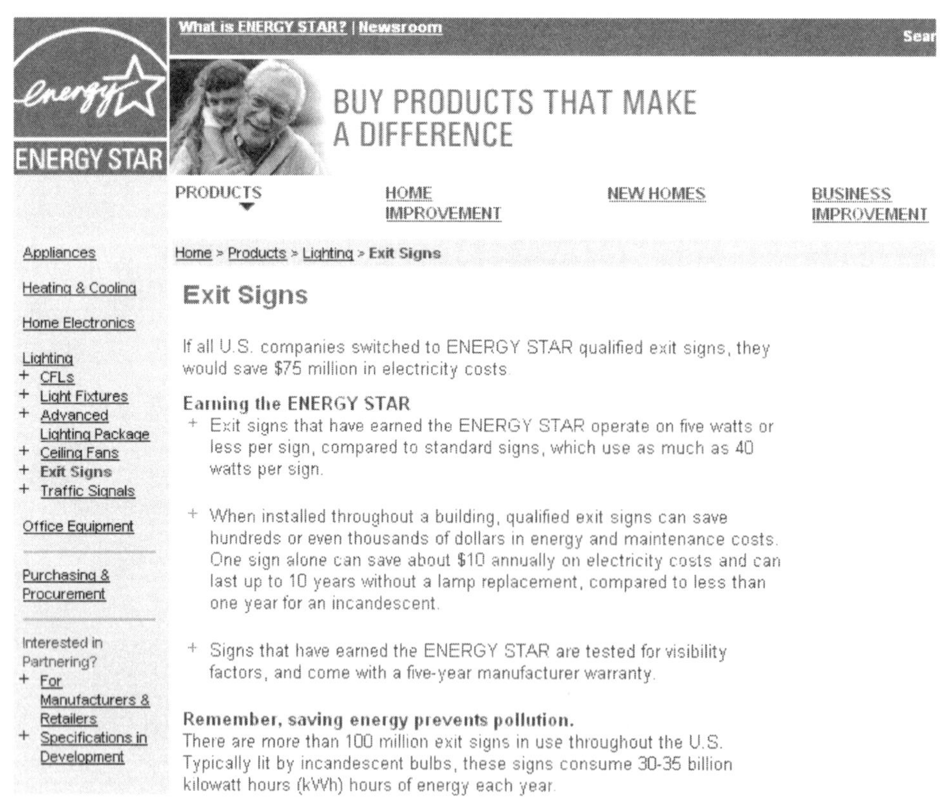

[그림 11] 미국의 고효율 LED 유도등 보급 프로그램

우리나라의 유도등 년 공급수량과 시장규모는 약 100만개, 500억원이며, 총 보급 수량은 약 500만개(교체수명 3~20년)로 년간 507GWH의 전력을 소비하는 것으로 추정된다.

또한 소형 유도등 기준 평균소비전력은 형광등 유도등 16.5W, LED 유도등 2.56W로 조사되어 약 84%의 에너지절약이 가능하여 모든 유도등으로 LED유도등으로 교체시 년간 427GWH의 에너지절감이 가능한 것으로 분석되었다(<표 14>).

<표 14> LED 유도등 교체시 전기에너지 절감효과

광원	년 공급 용량(MW)	총 보급 용량(MW)	전력소비량 (GWH/년)
형광등	23	116	506
LED	4	18	78
절감량	20	98	427
절감율	84%		

<표 15>는 우리나라의 유도등 조명성능기준(KOSEIS 0401)으로 LED 유도등의 경우 1:1 표시면, 형광등 유도등의 경우 기타 표시면 기준을 적용하고 있다. 이는 신광원(LED, CCFL)과 새로운 조명기술(도광판) 등장으로 기존의 형광등 유도등을 대상으로 만들어진 기술기준의 단일화 적용의 한계에 기인한 것으로 추측된다.

그러나 이는 LED 유도등의 고유기능과 신광원의 특성(장점)을 제대로 반영하지 못하고 있으며, 특히 발광면적을 줄이고 전기에너지가 절약된다고 고효율에너지기기라 하기에는 논리적으로 모순이 있다고 하겠다. 따라서 유도등의 고유기능인 비상시 유도성능과 LED 유도등의 특성 합리적으로 반영하는 새로운 "고효율 LED유도등 기술기준개발"이 절실히 요구된다.

<표 15> 우리나라 유도등 조명성능 기술기준(KOSEIS 0401)

종 별		1대1 표시면 (mm)	기타 표시면		평균 휘도(cd/㎡)	
			짧은 변 (mm)	최소면적(㎡)	상용점등시	비상점등시
피난구 유도등	대형	250이상	200이상	0.10	320이상 800미만	100 이상
	중형	200이상	140이상	0.07	250이상 400미만	
	소형	100이상	110이상	0.036	150이상 250미만	
통로유도등	대형	400이상	200이상	0.16	500이상 1000미만	150 이상
	중형	200이상	110이상	0.036	350이상 800미만	
	소형	130이상	85이상	0.022	300이상 600미만	

4. 3대 지시용 조명기기 에너지절약효과 분석

[그림 12]는 앞서 분석된 3대 지시용 조명기기(교통신호등, 문자형간판, 유도등)의 에너지절약 실적과 잠재량은

① LED 교통신호등의 경우 연간 절전 잠재량 260GWH,
(절전 실적 70GWH),

② LED 유도등의 경우 연간 절전 잠재량 410GWH,

③ LED 유도등의 경우 연간 절전 잠재량 1,125GWH

으로 년간 총 1,865GWH(1,865억원)의 에너지절약 절약 잠재량이 있는 것으로 평가된다.

[그림 12]는 우리나라의 3대 지시용조명기기의 에너지절약 실적 및 절약 잠재량이며, [그림 13]은 미국의 에너지성(DOE)에서 평가한 LED 조명기기의 에너지절약 실적 및 절약 잠재량이다.

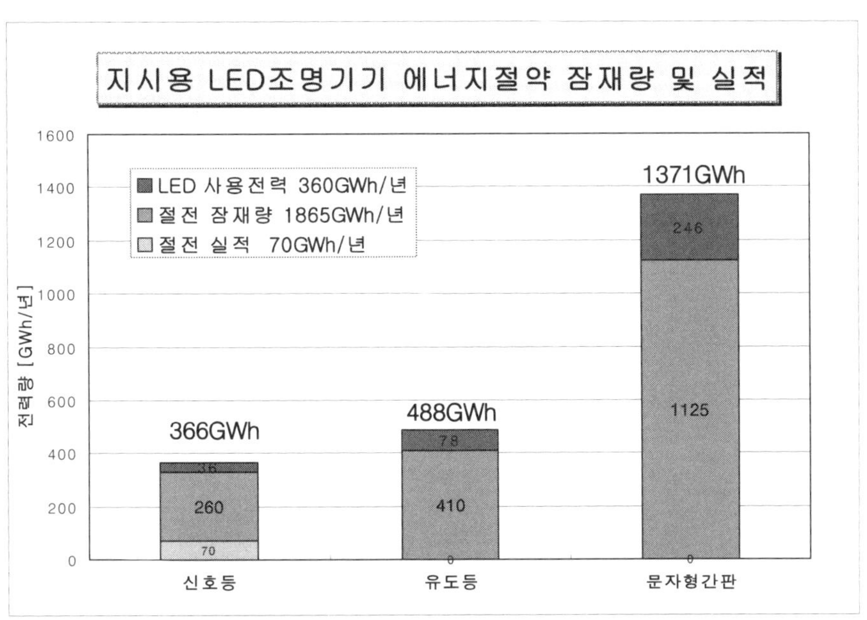

[그림 12] 우리나라 3대 지시용조명기기 에너지절약 실적, 절약 잠재량

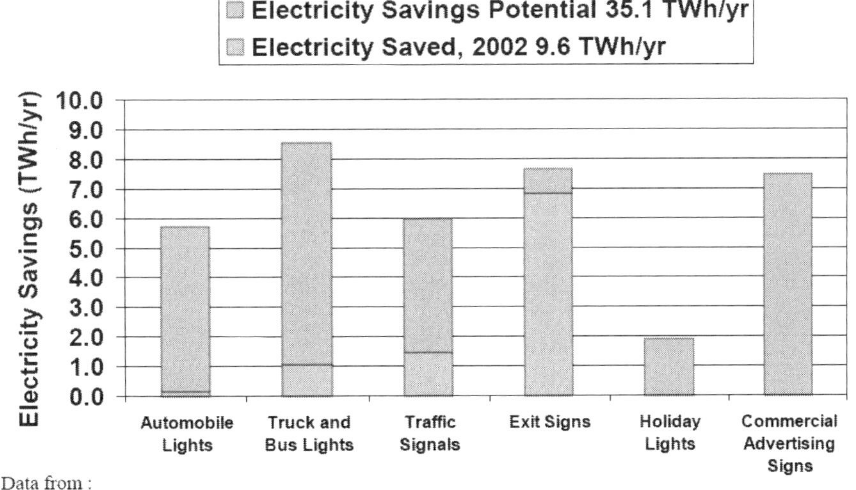

Data from :
"Energy Savings Estimates of Light Emitting Diodes in Niche Lighting Applications"
U.S. Department of Energy
November 2003

[그림 13] 미국의 3대 지시용조명기기 에너지절약 실적, 절약 잠재량

5. 기타 LED 응용사례

[그림 14]는 선박의 안전항해를 돕기 위한 항로 표시시설인 등명기(Buoy)로 대형 해상 부유구조물 상단에 설치된 조명기기이다.

등명기용 광원(200mm기준)은 직류 12V, 2.03A, 280lm, 수명 1000시간의 백열전구를 사용하며, 설치환경상 상용전원 공급이 불가능하여 태양전지와 축전지를 사용하고, 백열전구의 짧은 수명과 잦은 고장으로 여분의 보조기기(Lamp Change, 제어기 등)를 설치하여야 하는 등 큰 부대설치 비용과 유지보수에 많은 어려움이 있다.

[그림 14] 해상 항로표지용 등명기(Buoy)

[그림 15]는 한국에너지기술연구원에서 개발한 LED 등명기로 80% 이상의 에너지절약과 이에 따른 태양전지와 축전지 용량감소, 장수명에 따른 부대설치 비용 및 유지보수비용 절감, 시인성 향상에 따른 항해의 안전성 향상 효과가 입증되어 현재 상용화 보급되고 있으며, 향후 대형 등대용 광원으로서의 응용확대를 위한 시도도 계획되고 있다.

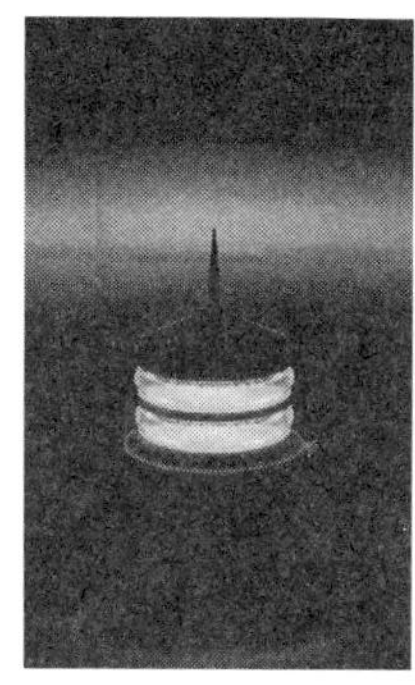

[그림 15] 한국형 LED 등명기

참고문헌

1. 정봉만 외, "LED 조명기기 시범설치 및 효과분석", 한국에너지기술연구원, 연구보고서, 2005. 12
2. 정봉만 외, "해상용 LED(Light Emitting Diode) 등명기 연구개발", 해양수산연구개발 연구보고서, 2002. 12.
3. 정봉만 외, "에너지절약형 LED 교통신호등 규격연구 및 시스템 개발", 한국에너지기술연구원, 연구보고서, 2002. 4
4. 정봉만, 정학근, "차세대 등명기 기술" 에너지절약기술웍샵 논문집, Vol. 18, pp575~pp580, 2003. 11.
5. 이형재 외, "광 반도체 산업기술 개발을 위한 신기술 동향 분석 및 전략 소립", 한국광기술원, 2003. 3.
6. Bong-man Jung, "Design Issues for LED Lighting Applications", The 2nd Workshop on Industrial Technologies for Optoelectric Semiconductors, KOPTI, pp321-337, 2003. 11.
7. Jeff Y. Tsao, "Light Emitting Diodes(LEDs) for General Illumination", Optoelectronics Industry Development Associations, 2002. 9.
8. 金屬係材料研究開發センター, "高效率電光變換化合物半導體開發 - 21世紀あかり計劃", 成果報告書, 2003. 3.
9. "Nanoscience and Solid State Lighting", Lumileds Lighting, 2004. 6.
10. "Lighting Answers", NLPIP, Vol. 7 Issue 3, 2003. 5.
11. "Solid-State Lighting Systems", Lighting Research Center, 2001. 4.
12. J. R. Knisley, "Lighting the Millennium" EC&M pp. 30-38, 1999
13. L. R. Nerone, "Mathematical Modeling and Optimization of the Electrodeless, Low-Pressure, Discharge System", IEEE Conference of Industry Applications Society, pp.509~514, 1993
14. "Philips QL lamp systems, Product Information", Philips
15. "Osram Endura: Guideline for luminaire manufactures and users", Osram

고효율 조명 신기술

지은이와 협의 인지 생략

인　　쇄 : 2007년 4월 20일
발　　행 : 2007년 4월 28일
공　　저 : 장우진 · 김동조 · 홍석기 · 홍성욱 · 정봉만
발 행 처 : 도서출판 아진
110-091
서울특별시 종로구 행촌동 27-4 2층
TEL:02-737-0663 FAX:02-737-0664
Homepage:ajin.to
E-mail:kgb@ajin.to
발 행 인 : 김 근 배
기 획 처 : 서울산업대학교 에너지기술인력양성센터
등록번호 : 제300-1995-56호
ISBN : 978-89-5761-215-6 93560

– 본 도서는 산업자원부 지정 서울산업대학교
에너지기술인력양성센터에 의해 편찬되었습니다. –

가격 20,000원